U0142772

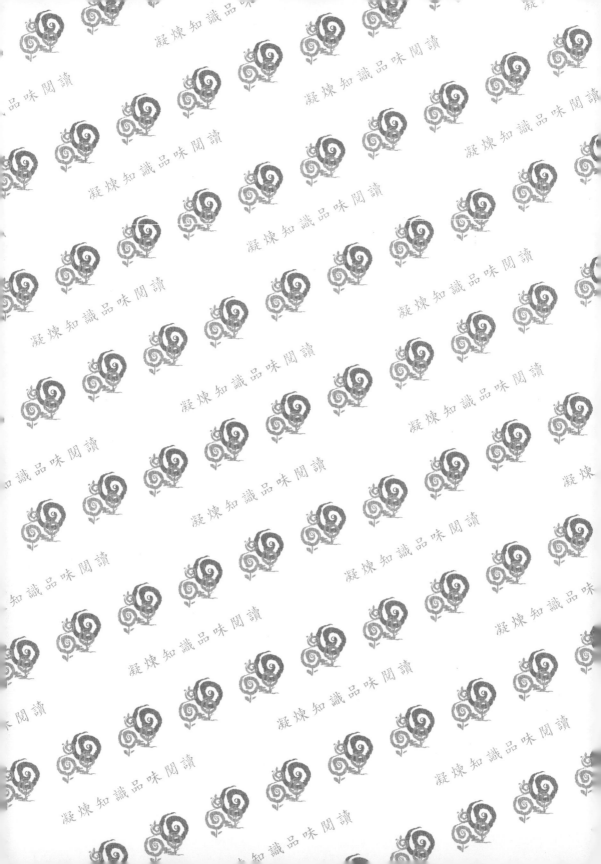

圖解
財務報表分析

IFRS

馬嘉應博士 著

第二版

五南圖書出版公司 印行

作者序

　　財務報表分析為一門易學難精之學問，其目的在於使財報使用者對企業之經營概況、財務狀況或未來發展可能有初步瞭解，縮短財報使用者與企業之財務報表間之距離感。強記公式而不求甚解，僅流於計算之演練；若能將分析工具互相配合，則有助於探究財務報表蘊含之訊息。惟對財務報表之編制過程充分瞭解，始能靈活運用財務報表分析之各項比率。

　　惟普遍學生在學習財務報表分析前，並未具備穩固之會計與財管知識，在學習上常有接近之困難，本書在編制過程採用圖解之方式，輔以文字說明與知識補充，有助於讀者對財務報表分析之學習。期以平易近人之表達方式，協助讀者能輕鬆學習財務報表分析。

　　「易簡工夫終久大，支離事業竟浮沉」，願讀者能由此書知曉財務報表分析背後所隱含之經濟實質意義，以免浮濫背誦而未能活用此分析工具。

馬嘉應

本書目錄

第 5 章　投資活動

第 6 章　籌資活動

本書目錄

第 **7** 章　短期償債能力（變現性分析）

第 **8** 章　長期償債能力及資本結構

第 **9** 章　投資報酬率與資產運用效率分析

第 ⑩ 章 公司評價

第 ⑪ 章 財務預測

本書目錄

第 12 章　風險分析

第 13 章　金融控股公司財務分析

第 14 章　企業併購

第 15 章　案例分析

第 **1** 章
財務報表分析之
基本概念及架構

●●●●●●●●●●●●●●●●●●●●●●●●●●●● 章節體系架構 ▼

Unit **1-1**

財務報表分析之目的

一、財務報表分析之意義

　　一種用來瞭解企業的財務狀況、經營績效及其他各項有用資訊的手段，分析的最終目的則在於將所獲得的資訊，作為報表使用者做決策的重要參考依據。

二、財務報表分析之功能

　　財務報表分析運用下列不同層面分析，供財務報表使用者作為決策依據：1. 短期償債能力（變現性分析）；2. 現金流量分析；3. 長期償債能力及資本結構；4. 投資報酬率與資產運用效率分析；5. 經營績效分析。

三、財務報表使用者及分析目的

　　財務報表使用者可分為內部使用者，主要有企業內部經理人，以及外部使用者，主要有債權人、投資者、分析人員等。隨使用者不同，分析重點也不同。

（一）企業內部使用者（Internal Users）

　　從企業內部觀點來看，財務報表分析所得之結果，代表著不同的訊號，可作為管理當局進一步追查的標的，以求改進；除此之外，管理階層為有效掌握管理企業，也需透過財務報表分析，作為企業經營規劃和控制的依據。而進行損益分析方能擬定行銷策略；現金流量分析能確保公司資金流通順暢；最後，財務報表分析可幫助公司檢視其財務結構及償債能力。

（二）外部使用者（External Users）

1. 債權人（Creditor）

　　債權人包括銀行、公司債權持有人及其他貸款給企業之個人或法人。債權人所關心的問題，為借款人的償債能力，是否能如期收回本金及利息。債權人依據授信時間長短分為短期債權人及長期債權人。短期債權人關心企業的短期償債能力；長期債權人關心企業的長期償債能力及資本結構。

2. 投資者（Investor）

　　為企業風險的最後承擔者，投資者最關心公司未來的獲利能力，因為高獲利水準將導致高股票投資報酬率，因此損益分析、本益比、每股盈餘等分析資料，以及公司股利發放政策，皆為投資者關心的問題。

3. 其他使用者

　　如併購案分析人員、會計師、政府機關、同業賒銷之參考等，因不同目的而作個別的財務分析，以利於運用財務報表分析工具與方法。

財務報表分析

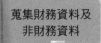

蒐集財務資料及
非財務資料

使用各種分析
工具與方法

分析、評估及判
斷作為決策工具

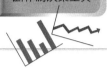

財務報表使用者

內部使用者

外部使用者

內部經理人
（管理階層）

債權人

投資者

其他使用者

其他財務報表使用者之使用目的

併購案分析人員
● 評估公司之實際價值，以求取適當的併購價格。

會計師
● 透過查核財務報表，發現會計錯誤及會計原則選擇
是否適當，以對財務報表之允當性表示意見。

政府機關（例如：財政部證期會）
● 藉由企業財務報表之審查與監督企業各項財務報表
之表達揭露是否允當，以保障投資大眾的權益。

Unit 1-2
財務報表分析所需資料

圖解財務報表分析

進行財務報表分析，所需的資料來源有財務報表、管理報表及其他財務資訊與非財務資訊。

一、財務報表（ Financial Statement ） 的種類

財務報表係在表達企業某一時點的財務狀況，及某一期間之經營結果與現金流量之數值資料。依據我國財務會計準則第一號「財務會計觀念架構及財務報表編制」規定，財務報表之內容，包括下列各報表、附註及補充附表：

1. 資產負債表（ Balance Sheet 或Statement of Financial Position ）。
2. 損益表（ Income Statement ）。
3. 股東權益變動表（Retained Earnings Statement ）。
4. 現金流量表（Cash Flow Statement 或 Statement of Cash Flows ）。

財務報表附註及補充附表乃財務報表整體的一部分，應一同研讀及分析。

二、管理報表（ Managerial Accounting ）

管理報表是將企業的一切活動，予以衡量、分類與匯總，主要目的為提供有用的財務資訊，以協助企業管理當局作決策使用。管理報表包括：損益兩平分析、部門利潤分析、預算表、成本分析與掌控等之報導。

三、其他財務資訊及非財務資訊

企業財務資訊視為財務報表分析的基礎，而財務報表分析所需的資訊並不限於財務資訊，尚包括一些非財務資訊。

財務資訊包括：財務報表資訊、企業會計政策、公開說明書、股價行情資訊、財務預測資訊等；而非財務資訊包括：生產及消費統計值、分析師評論、管理當局的討論與分析、信用評等。

004

財務報表附註與補充附表

小博士解說

根據「財務報表編制及表達之架構」表示，財務報表附註及補充附表與其他資訊，例如：資產負債表或損益表項目中，與使用者需求攸關之額外資訊，其中亦可能包括影響企業之有關風險及不確定性之揭露，以及未於資產負債表中認列之任何資源及義務（例如：礦藏）之揭露。有關地區別及產業別部門與價格變動對企業影響之資訊，亦可能以補充資訊之形式提供。

財務報表分析資料

財務報表
分析之資料

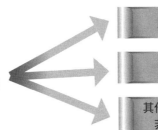

財務報表

管理報表

其他財務資訊及
非財務資訊

財務報表與管理報表間之差異

報表 差異	財務報表	管理報表
資訊使用者	主要使用者為外部投資人及債權人；次要使用者為供應商、顧客、員工及政府主管機關等。	主要使用者為企業內部的管理當局，報表提供管理當局各種經營決策所需資訊。
資訊編制之依據準則	依據「國際財務會計準則」及臺灣會計準則公報編制，由於使用者常需將不同公司之報表比較或同一公司多期報表加以比較，才能作出決策，故需依照一定之規則編制，使報表比較具有意義。	編制無強制規定，因為資訊通常提供給內部並不外流，故只需依據管理者之需求編制，編制具彈性。
報表提供頻率及內容	為使外部使用者能及時取得決策參考資訊，強制規定企業需定期提供完整可比較性之財務報表，主要內容有資產負債表、損益表、股東權益變動表、現金流量表及附註，其格式、內容編制方法均有規定。	無一定的時間、格式及內容，任何時候管理當局基於決策上的需要，即可以要求提供管理報表，管理者在要求提供資訊時，需考量由資訊中所獲得的成本效益問題，除非效益大於成本否則不應取得該資訊。
資訊的可靠性與攸關性	著眼於對企業過去已發生交易的匯總報導，注重的是客觀、可靠的歷史成本資訊。	著重於報導與決策攸關的未來成本（例如：機會成本），這些資訊雖能協助管理當局作成決策，但往往非實際發生之成本，故可靠性不如財務報表的歷史成本資訊。

第 ② 章
財務報表概述

●●●●●●●●●●●●●●●●●●●●●●●●●●● 章節體系架構 ▼

Unit **2-1**
編制財務報表的基本假設

圖解財務報表分析

　　會計是一種服務性的技能，也是企業活動的共通語言，其主要的功能是將一企業日常各種經濟活動的資料，透過有系統的處理程序與方法，提供有用的會計資訊給使用者作為各項經濟決策的參考。

一、編制財務報表之目的

（一）幫助使用者作經濟決策

　　財務報表編制之目的在於提供有關於企業之財務狀況、經營績效及現金流量資訊變化，給財務報表使用者在作成經濟決策時有所依據。在此目的下所編之財務報表，符合大多數使用者的一般需要，但財務報表無法提供使用者作成經濟決策時，可能需要所有資訊；因為財務報表所表示之資訊，大部分為過去事實而非未來事件，且不一定提供非財務之資訊。

（二）反映管理階層對受託資源之責任

　　企業所擁有的經濟資源均是由股東或債權人所提供，管理階層對這些經濟資源應該善盡管理人之責任，並對這些經濟資源予以妥善的運用，產生優良的績效。財務報表編制可顯示管理階層對受託資源之管理責任，若財務報表結果顯示不佳，則可考慮是否更換管理階層。

二、編制財務報表之基本假設（Underlying Assumption）

（一）應計基礎（Accrual Basis）

　　為了達成財務報表目的，財務報表應以應計基礎（權責發生基礎）之會計來編制。在此基礎下，交易及其他事項之影響應於發生時予以認列，並記錄於會計紀錄中，且在相關期間內之財務報表中報導揭露。按應計基礎編制之財務報表，其告訴財務報表使用者過去涉及現金收付之交易，及未來支付現金之義務與未來收取現金之權利。

（二）繼續經營個體（Going-Concern or Continuity）

　　財務報表編制通常假設企業為繼續經營之個體下，且在可預見之未來將持續營運；亦即企業無意圖、無需要清算或無需要重大縮減營運規模。假若企業有意圖或需要清算或需要重大縮減營運規模，則財務報表可能需按不同基礎來編制，如清算價值。

編制財務報表之目的

幫助使用者
作經濟決策

- 報導企業財務狀況及經營成果
- 評估投資及授信決策

反映管理階層對
受託資源責任

- 評估管理當局運用資源之責任及績效

財務報表編制基本假設

主要假設

應計基礎
（權責發生基礎）

繼續經營假設

會計流程

分錄　過帳　試算　調整　結帳　編表

平時　期末

知識補充站　應計基礎與現金基礎之差異

　　應計基礎下，交易及其他事項應於發生時即予以認列，並記錄於會計紀錄中，且於相關期間之財務報表中報導；現金基礎下，交易及其他事件應於現金或約當現金收付時予以認列，並記錄於會計紀錄中。國際財務會計準則要求，財務報表的編制及會計事件的記錄應採用應計基礎，故不論是否收付現金，均需於事件發生時記錄。

Unit 2-2
會計資訊之品質特性 Part 1

一、主要品質

會計資訊的最高品質為決策有用性，為達到此目的會計資訊應具備主要品質，分別如下：

（一）可瞭解性（Understandability）

為讓使用者瞭解財務報表之資訊，會計資訊應便於瞭解，但即使較複雜之資訊，只要能幫助攸關使用者做決策，仍應包括在內。

（二）攸關性（Relevance）

當資訊能幫助使用者評估過去、現在及未來事項，或確認修正過去評估，而影響財務報表使用者之經濟決策時，該資訊即具攸關品質。

資訊之攸關性受其性質及重大性之影響。某些情況下，資訊性質本身即足以決定其攸關性，例如對新研究資訊的報導，可能影響企業所面臨之機會與風險之評估，則此資訊就具備攸關性。若資訊之遺漏或錯誤可能影響財務報表使用者之決策，則該項資訊即為重大。

（三）可靠性（Reliability）

資訊具備可靠性方屬有用，當資訊無重大錯誤或偏差，且使用者可信賴其已忠實表達時，該資訊具備可靠性。資訊可能攸關但在性質上或表達上極不可靠，導致此資訊之認列可能產生潛在的誤導，故可靠性之衡量需具備以下因素：

1.忠實表達（Representational Faithfulness）

財務報導與交易事項需完全一致方屬可靠，故資產負債表應能忠實表達企業在資產負債表日由所有交易和其他事項所產生而符合認列標準的資產、負債及權益。

2.實質重於形式（Substance Over Form）

會計處理及表達時，應著重經濟實質而非僅憑其法律形式處理和表達。

3.中立性（Neutrality）

財務報表中之資訊應具中立性以避免偏差，其資訊才具有可靠性。會計資訊不能預先決定要產生何種結果或行為，再操縱會計資訊使該結果發生。

4.審慎性（Prudence）

指在處理不確定情況時，需在判斷中納入一定程度的謹慎，使資產或收益不被高估及負債或費損不被低估。

5.完整性（Completeness）

在考量重要性和成本的限制下，為達到公正，企業表達經濟事項所必要的資訊，必須完整提供。

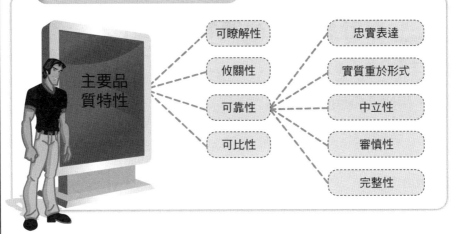

會計資訊之主要品質特性

主要品質特性

- 可瞭解性
- 攸關性
- 可靠性
- 可比性

- 忠實表達
- 實質重於形式
- 中立性
- 審慎性
- 完整性

知識補充站　**實質重於形式**

　　會計資訊對於股東、債權人、投資大眾等的影響，存在著相互衝突的利害關係。例如：一個會計原則的制定，對企業有利，可能對股東、債權人不利；反之，對企業不利的，可能對股東、債權人有利。

　　會計準則的經濟後果，指會計資訊對於資訊提供者及使用者之財富狀況，經濟行為所造成的影響，以及由於此項影響所引發的決策行為。

　　經濟實質重於法律形式之情況，如產品融資合約，企業將存貨賣給另一企業，同時簽約約定在一定期間，按一定價格將存貨買回，則該銷貨交易在法律形式上是銷售，但在經濟實質上是以存貨為擔保的融資行為，會計上應按融資交易處理，才能忠實表達該項交易，其資訊才具有可靠性。

　　過度強調經濟後果的潛在危險，可能迫使會計人員捨棄健全理論，而以較不理想的會計準則取代。

Unit **2-3**
會計資訊之品質特性 Part 2

一、主要品質（續）

（四）可比性（**Comparability**）

使用者必須能比較同一企業不同期間之財務報表，辨認其財務狀況與經營績效之趨勢；亦能比較不同企業之各期財務報表，評估相對財務狀況、經營績效。故類似交易及事項之財務影響的認列與衡量，同一企業不同期間且不同企業間皆應以一致方式處理。

可比性之品質特性的重要含意，是財務報表使用者能夠辨認同一企業於不同期間及不同企業對類似交易及事件採用不同會計政策上之差異。

對可比性之需要不得與統一性混淆，且不得准許其成為使用較佳會計準則的阻礙，當有更攸關及可靠之會計政策存在時，企業對會計政策維持不變並不恰當。

二、攸關性及可靠性資訊之限制

攸關性及可靠性為會計資訊之主要品質，如果兩者能同時增進為最理想情況，但有時提高可靠性會降低攸關性，反之亦然。兩者如何權衡，需視使用者如何在兩者之間作取捨。權衡攸關性及可靠性之因素：

（一）時效性（**Timeliness**）

指資訊需在喪失影響決策的能力前，提供給決策者。任何資訊如果想要影響決策，必須在決策作成前提供。

資訊報導若過度延遲，可能喪失其攸關性，此時管理階層可能需在及時報導與提供可靠資訊間取得平衡。在及時基礎下提供資訊，通常可能需於交易或事件已知前即報導，故損及可靠性；反之，報導延遲致使所有皆已知，該資訊雖高度可靠，但對使用者而言用處很小。

（二）效益與成本之平衡（**Balance Between Cost and Benefit**）

提供會計資訊需要花費成本，只有在會計資訊所能產生之效益大於成本時，會計資訊才值得提供。

（三）品質特性間之平衡

財務報表的品質特性，有時不能同時兼顧。故目標在於達成各特性間適當平衡，以符合財務報表之目的，各特性於不同情況下之相對重要性不一定相同，此為一項專業判斷。

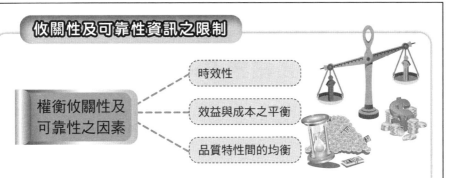

攸關性及可靠性資訊之限制

權衡攸關性及可靠性之因素
- 時效性
- 效益與成本之平衡
- 品質特性間的均衡

攸關性與可靠性間權衡之舉例

　　認列應收帳款之壞帳估計下，當採用備抵法預估備抵壞帳，其具有攸關性，但因為壞帳率為估計，故不同會計人員做出來的壞帳估計將會不同，因此不具有可靠性；採用直接沖銷法認列壞帳，因為當時發生時才認列壞帳費用，故具有可靠性，但因不具預測價值，故不具有攸關性。

　　又比如企業資產之評價，若以現在價值資訊較歷史成本資訊更具攸關性，但歷史成本資訊卻較具可靠性。

比較資訊

　　企業於揭露比較資訊時，至少應表達兩期之資產負債表、兩期之其他報表及相關附註。當企業追溯適用一項會計政策或重編財務報表之項目，或重分類其財務報表之項目時，至少應列報三期資產負債表、兩期之其他報表及相關附註。企業應列報下列時點之資產負債表：

1. 當期期末
2. 前期期末（應與當期期初相同）
3. 最早比較期間之期初

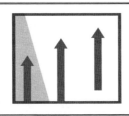

Unit 2-4
主要財務報表 Part 1

財務報表為會計之最終產品，會計上有四大財務報表，分別為：資產負債表、綜合損益表、權益變動表、現金流量表。下列為各報表之內容與表達方式：

一、資產負債表（Statement of Financial Position）

資產負債表乃報導企業在某特定日有關之財務狀況，故為靜態財務報表，其包括該日企業所擁有之資產、承擔支付債務及業主權益之餘額，此餘額是始於存量的觀念。其中資產、負債和股東權益之間必定有以下之關係：

> 資產 (Assets)＝負債 (Liabilities)＋業主權益 (Equity)

資產以流動性（變現能力）大小分類及排列；負債以償還債務日期先後排列；業主權益則依不同來源列報。此外，構成資產負債表主要要素如下：

（一）資產

企業由於過去交易事項所產生經濟資源能以貨幣衡量，並對未來提供經濟效益者，如現金、存貨等。

資產的認列條件必須符合未來經濟效益很有可能流入企業，及資產成本或價值能夠可靠衡量，若資產的成本或價值不能夠可靠衡量，則不應計入資產中。

（二）負債

企業應負擔之經濟義務，能以貨幣衡量者，並將於未來提供經濟資源以償付者，負債的基本特徵為企業的現時義務，企業承擔的義務可能按合約或法律規定，具有強制性，如應付帳款、應付票據。

負債的認列條件必須同時符合企業為清償其現時義務，導致具經濟效益的資源很有可能流出，及清償之金額能夠可靠衡量。

（三）業主權益

企業之業主（股東）對企業資產之剩餘權益，又稱為淨資產或淨值。業主是企業風險的最後承擔者或者是報酬的最後享受人，故稱為剩餘權益。

權益可再分為股本、資本公積、保留盈餘及累計其他綜合損益，這些分類可能反應法令規定對權益分配或動用之限制（如公司有盈餘時，需先提撥10%為法定盈餘公積），亦可能反映企業具所有權益者擁有收取股利或收回資本之不同權益（如累積參加特別股，其股利較普通股優先發放）。

資產負債表實例

XX公司
資產負債表
民國○○年12月31日

(一)流動資產
　　現金及約當現金
　　應收帳款
　　　減：備抵壞帳
　　存貨
　　預付水電費
　　其他流動資產
　　　流動資產合計
(二)非流動資產
　　不動產、廠房及設備
　　　減：累計折舊
　　長期股權投資
　　無形資產
　　商譽
　　　非流動資產合計

(一)流動負債
　　應付帳款
　　短期借貸
　　應付所得稅
　　其他短期應付款
　　　流動負債合計
(二)非流動負債
　　應付公司債
　　遞延所得稅負債
　　長期借款
　　　非流動負債合計
(三)股東權益
　　股本
　　保留盈餘
　　　股東權益總計

| 資產總計 | ＝ | 負債及股東權益總計 |

華碩資產負債表

項目　　　　　　　　　　　　　　　　　年度	XX年度
流動資產	112,832,696
基金與投資	65,560,476
固定資產	3,937,811
無形資產	123,425
其他資產	283,504
資產總計	182,737,912
流動負債	61,689,874
長期負債	0
各項準備	0
其他負債	6,099,788
負債總計	67,789,662
股本	7,527,603
資本公積	4,662,555
保留盈餘	99,100,280
股東權益其他調整項目合計	3,657,812
庫藏股票(自98年第四季起併入「其他項目」表達)	0
股東權益總計	114,948,250
每股淨值(元)	152.70
預收股款(股東權益項下)之約當發行股數(單位：股)	0
母公司暨子公司所持有之母公司庫藏股股數(單位：股)	0

主要財務報表 Part 2

二、綜合損益表（Statement of Comprehensive Income）

綜合損益表為報導企業在一段特定期間的經營結果，故為動態財務報表。此餘額是使用流量的觀念。

（一）綜合損益表的內容

本期總合損益表包括列示當期所認列的所有收益和費損，分為當期損益及當期其他綜合損益，得出綜合損益總額。

1. 本期損益

企業應將財務報導時間之所有收益及費損項目列於本期損益中，其包含繼續營業單位、停業單位。

> 繼續營業單位損益(包含收益及費損)＋停業單位損益＝本期損益

2. 當期其他綜合損益

企業應於綜合損益表或附註中，揭露其他綜合損益的組成部分之扣除相關所得稅影響數後之淨額。

3. 每股盈餘

公司之每一股普通股在該期間所賺得的盈餘，或蒙受的損失，應列於綜合損益表本期綜合損益項下。每股盈餘又可分為稀釋每股盈餘及基本每股盈餘。

（二）損益表之要素

1. 收益

指會計期間內增加經濟效益，以資產流入或增值，或負債減少等方式造成權益增加，但不包括業主增加投資的權益。收益包含收入及利益。

收入指企業於正常營業活動中所產生者，其具有各式各樣不同的名稱，包括銷貨、各項收費、利息、股利、權利金及租金等；利益指符合收益定義之其他項目，其代表經濟效益之增加，可能來自於企業正常營業活動，也可能非由企業正常營業活動中所產生，包括處分非流動資產之利益等。

2. 費損

指會計期間內減少經濟效益，以資產流出或消耗，及負債增加等方式而造成權益減少，但不包括分配給業主而減少的權益。費損包含費用及損失。

費用指企業日常營運所產生，包括銷貨成本、薪資及折舊等，通常以資產流出或消耗方式產生；損失指符合費損定義之其他項目，其代表經濟效益之減少，可能由於企業的正常營業活動所產生，也可能非由企業正常營業活動中所產生，包括火災或水災等災害損失，及處分非流動資產損失、外幣兌換損失等。

綜合損益表實例

〇〇公司 綜合損益表 民國XX年1月1日至12月31日	
銷貨收入總額	
減：銷貨退回及折讓	
銷貨收入淨額	1
銷貨成本	2
銷貨毛利	3=1-2
營業費用	4
推銷費用	
管理費用	
營業淨利	5=3-4
營業外收入	6
利息收入	
投資收益	
處分固定資產利益	
其他收入	
小計	
營業外支出	7
利息支出	
投資損失	
處分固定資產損失	
其他損失	
小計	
稅前純益(稅前淨利)	8=5+6-7
所得稅費用	9
稅後純益	10=8-9
其他綜合損益－金融資產	11
其他綜合淨利	12=10+11
每股盈餘(元)(EPS)	

華碩簡明損益表

營業收入	317,669,775
營業成本	296,351,674
營業毛利(毛損)	21,318,101
聯屬公司間未實現利益	1,191,149
聯屬公司間已實現利益	0
營業費用	9,403,496
營業淨利(淨損)	10,723,456
營業外收入及利益	9,761,549
營業外費用及損失	689,540
繼續營業單位稅前淨利(淨損)	19,795,465
所得稅費用(利益)	3,217,306
繼續營業單位淨利(淨損)	16,578,159
停業單位損益	0
非常損益	0
會計原則變動累積影響數	0
本期淨利(淨損)	16,578,159
基本每股盈餘	21.99

Unit 2-6
主要財務報表 Part 3

三、權益變動表（Statement of Change in Equity）

　　股東權益變動表表示企業在某特定時間內，股東權益各項目的增減變化之匯總報告書。該報表中的數字屬流量的觀念。股東權益變動表應區分為兩大類，分別是業主以其業主身分進行的交易所產生的權益變動，及其他權益變動。

◆權益變動表的內容

　　當期綜合損益總額，並單獨列示歸屬於母公司股東和非控制權益股權的金額。對權益的各組成項目，根據國際會計準則第8號「會計政策、會計估計變動及錯誤」的規定，所認列的追溯重編影響數或追溯使用新會計政策之影響數。對權益的各組成項目，調節期初至期末帳面金額，並單獨揭露損益、其他綜合損益及業主之交易項目之變動。

四、現金流量表（Statement of Cash Flows）

　　現金流量表表達企業在某會計期間內有關現金及約當現金流入或流出之資訊，以及表達現金之來源、用處及增減變化。

（一）現金流量表的內容

1. 營業活動

　　營業活動指企業主要營業活動所產生的收入，非屬於投資及籌資活動。營業活動現金流量，包含銷售商品及提供勞務收取之現金、對員工及代替員工支付之現金等。

2. 投資活動

　　投資活動指取得與處分長期資產及不屬於約當現金之分類為以公允價值衡量的金融資產的證券投資之取得與處分、放款及其收回，均為投資活動，常涉及與營業活動無關之流動資產及非流動資產之增減變動。

3. 籌資活動

　　籌資活動通常涉及與營業活動無關之流動負債、非流動負債，及本期損益以外之股東權益項目之增減變動。

（二）現金流量表的編制方式

　　編制方式可分為直接法及間接法，公報鼓勵採用直接法編制，但採用直接法表達營業活動現金流量時，應另外揭露本期損益與營業活動現金流量之調整，即是依間接法表達營業活動現金流量部分，作為現金流量之補充資訊。

權益變動表實例

華碩權益變動表

民國102年第1季

單位：新臺幣仟元

會計項目	普通股股本	股本合計	資本公積	法定盈餘公積	特別盈餘公積	未分配盈餘（或待彌補虧損）	保留盈餘合計	國外營運機構財務報表換算之兌換差額	備供出售金融資產未實現（損）益淨額	現金流量避險中屬有效避險部分之避險工具利益（損失）	其他權益項目合計	庫藏股票	歸屬於母公司業主之權益總計	非控制權益	權益總額
期初餘額	7,527,603	7,527,603	4,305,220	23,464,771	699,350	87,540,465	111,704,586	-1,728,666	4,480,772	-292,041	2,460,065	0	125,997,474	1,790,181	127,787,655
採用權益法認列之關聯企業及合資之變動數	0	0	251,221	0	0	0	0	0	0	0	0	0	251,221	0	251,221
本期淨利（淨損）	0	0	0	0	0	6,053,144	6,053,144	0	0	0	0	0	6,053,144	6,516	6,059,660
本期其他綜合損益	0	0	0	0	0	-3,395	-3,395	1,312,241	6,292	804,520	2,123,053	0	2,119,658	3,547	2,123,205
本期綜合損益總額	0	0	0	0	0	6,049,749	6,049,749	1,312,241	6,292	804,520	2,123,053	0	8,172,802	10,063	8,182,865
取得或處分子公司股權價格與帳面價值差額	0	0	3,124	0	0	0	0	0	0	0	0	0	3,124	0	3,124
非控制權益增減	0	0	0	0	0	0	0	0	0	0	0	0	0	4,256	4,256
權益增加（減少）總額	0	0	254,345	0	0	6,049,749	6,049,749	1,312,241	6,292	804,520	2,123,053	0	8,427,147	14,319	8,441,466
期末餘額	7,527,603	7,527,603	4,559,565	23,464,771	699,350	93,590,214	117,754,335	-416,425	4,487,064	512,479	4,583,118	0	134,424,621	1,804,500	136,229,121

第 3 章

財務報表分析
之方法

●●●●●●●●●●●●●●●●●●●●●●●●●● 章節體系架構 ▼

Unit **3-1**
靜態分析

　　靜態分析（Static Analysis）指同一年度財務報表各項目加以比較分析，由於該分析並未涉及跨期間的增減變動，故為靜態。由於其計算時，係依報表由上而下之順序，因此又稱為垂直分析或縱向分析。靜態分析又可分為共同財務分析及特定比率分析。

一、金額轉換百分比之目的

　　財務報表所揭露的金額，容易受到公司間規模的影響而對於分析與判斷工作形成干擾，故針對不同公司間的財務資訊進行比較時，將其轉換為百分比，用以消除公司間規模上的差異，因而有助於不同規模公司間的相互比較。

二、共同比財報分析（Common Size Analysis）

　　共同比財報分析係指將財務報表完全以百分比表示，並且加以比較分析，因此又稱為百分比分析。共同比資產負債表以總資產作為100%，其餘項目以占總資產的比率表示之；共同比損益表則以銷貨收入之淨額作為100%，其餘項目以占銷貨淨額的比率表示之。

　　共同比財報分析也可用於財務報表某一項目與其組成要素關係之分析。例如：以流動資產總額為100%，來計算各流動資產組成內容，如：現金、應收帳款、存貨等之百分比，藉此可瞭解流動資產之組成比重，故又稱為結構分析。

　　共同比財務報表分析可以分析企業的資產結構、資本結構與損益結構，而從各項目結構的分配上去瞭解每一項目的增減變化。

　　共同比財務報表分析之重點，在於瞭解財務報表之內部結構，並且適用於不同規模企業之比較。

三、比率分析（Ratio Analysis）

　　比率分析係就某一期間或日期，各個項目的相對性以百分比、比率或分數表示之。原本複雜的財務資訊趨於簡單化，使報表使用者獲得明確而清晰之觀念。

　　按財務報表分析的主要目的予以分類如下：1.短期償債能力比率；2.現金流量比率；3.資本結構與長期償債能力比率；4.投資報酬比率；5.資產運用效率比率；6.經營績效比率。

　　比率分析係依據財務報表的數字計算而來的，故在運用比率分析時，應注意報表是否經過窗飾，以免發生錯誤判斷。使用時需注意前後其所採用的會計原則是否一致，以及和其他同業比較時，亦需注意所採用之會計原則是否統一。最後與其他分析工具相互配合運用，更能瞭解事實的全部真相。

靜態分析

靜態分析 → 共同比財報分析

比率分析

資產負債表實例

資產負債表

	100年度	%
流動資產	$ 112,832,696	100.00%
基金與投資	65,560,476	58.10%
固定資產	3,937,811	3.49%
無形資產	123,425	0.11%
其他資產	283,504	0.25%
資產總計	$ 182,737,912	161.95%
流動負債	$ 61,689,874	54.67%
長期負債	0	0.00%
其他負債	6,099,788	5.41%
負債總計	$ 67,789,662	60.08%
股本	$7,527,603	6.67%
資本公積	4,662,555	4.13%
保留盈餘	99,100,280	87.83%
股東權益其他		
調整項目合計	3,657,812	3.24%
股東權益總計	$ 114,948,250	101.87%

共同比資產負債表，以資產負債表各項目占總資產比率表示：

$$\frac{各項目}{總資產} \times 100\%$$

$$= \frac{61,689,874}{182,737,912}$$

$$\times 100\%$$
$$= 54.67\%$$

損益表

	100年度	%
營業收入	$317,669,775	100.00%
營業成本	296,351,674	93.29%
營業毛利(毛損)	21,318,101	6.71%
聯屬公司間未實現利益	1,191,149	0.37%
聯屬公司間已實現利益	0	0.00%
營業費用	9,403,496	2.96%
營業淨利(淨損)	10,723,456	3.38%
營業外收入及利益	9,761,549	3.07%
營業外費用及損失	689,540	0.22%
繼續營業單位稅前淨利(淨損)	19,795,465	6.23%
所得稅費用(利益)	3,217,306	1.01%
繼續營業單位淨利(淨損)	16,578,159	5.22%
停業單位損益	0	0.00%
本期淨利(淨損)	16,578,159	5.22%

共同比損益表，以損益表各項目占營業收入(銷貨收入)比率表示：

$$\frac{各項目}{營業收入} \times 100\%$$

$$= \frac{10,723,456}{317,669,775}$$

$$\times 100\%$$
$$= 3.38\%$$

Unit **3-2**
動態分析

圖解財務報表分析

　　動態分析（Dynamic Analysis）指不同年度財務報表之相同科目加以分析，由於該分析就不同年度相同科目加以比較其增減金額及百分比，故為動態。由於就兩年度或多年度左右比較分析，因此又稱為水平分析或橫向分析。動態分析又可分為比較財務報表分析及趨勢分析。

一、比較財務報表分析（Comparative Analysis）

　　比較財務報表分析係指將兩年或三年以上之財務報表並列，並且將不同年度同科目加以比較其增減金額及百分比，以瞭解其變動之情形。經由各年度財務報表的相互比較，不但可以獲知一個企業財務狀況及獲利能力的消長，亦可瞭解企業經營績效的變化。

　　此一方法可以幫助財務報表使用者，發現變動較大的項目及實際變動與預期變動之間有較大差異的項目，幫助報表使用者進一步分析該項目發生變動或無重大變動的原因。由於增減百分比的計算是以前期金額為分母，故當前期金額為零或負值時將無法計算，而當前期金額極小時，所得到的增減百分比，亦具有意義。

二、趨勢分析（Trend Analysis）

　　趨勢分析係將數年度的財務報表，以第一年或某一年為基期，計算每一期間各項目對同一項目的趨勢百分比，或稱為趨勢指數，可藉此顯示在期間內變動趨勢。此趨勢反應企業前景或展望，可藉此探索未來的趨勢。運用趨勢分析時必須定一個基期，通常基期的選定方法有三種，分別如下：

（一）固定基期的趨勢分析

　　固定以某一期的金額為基期金額，通常為第一年，在其他各期的金額，除以固定基期的金額，分別求得各期的百分數。

（二）移動基期的趨勢分析

　　以同一項目前一期的金額為後一期的基期金額，也就是後一期金額除以前一期金額，求出之分數。

（三）平均基期的趨勢分析

　　先求得每一項目平均金額，作為基期，然後將各期同一項目的金額除以平均金額，作為各期百分數。

趨勢分析

基期選定方式

基期選定方式	固定基期(表3-1)	固定以某一期的金額為基期金額
移動基期(表3-2)	以同一項目前一期的金額為後一期的基期金額
平均基期(表3-2)	以每一項目平均金額作為基期金額

基期選定方式實例

<table>
<tr><td colspan="4" align="center">華碩公司
部分比較損益</td></tr>
<tr><td>年度</td><td>X1</td><td>X2</td><td>X3</td></tr>
<tr><td>營業收入淨額</td><td>$589,905,832</td><td>$249,350,951</td><td>$232,576,904</td></tr>
<tr><td>營業成本合計</td><td>548,696,610.00</td><td>232,968,921.00</td><td>220,611,112.00</td></tr>
<tr><td>管理及總務費用</td><td>1,864,330.00</td><td>1,384,827.00</td><td>1,376,620.00</td></tr>
<tr><td>推銷費用</td><td>16,176,427.00</td><td>3,776,457.00</td><td>2,169,774.00</td></tr>
</table>

[表3-1]

<table>
<tr><td colspan="4" align="center">華碩公司
部分損益表-固定基期趨勢百分比</td></tr>
<tr><td>年度</td><td>X1 (基期)</td><td>X2</td><td>X3</td></tr>
<tr><td>營業收入淨額</td><td>100</td><td>42.27</td><td>39.43</td></tr>
<tr><td>營業成本合計</td><td>100</td><td>42.46</td><td>40.21</td></tr>
<tr><td>管理及總務費用</td><td>100</td><td>74.28</td><td>73.84</td></tr>
<tr><td>推銷費用</td><td>100</td><td>23.35</td><td>13.41</td></tr>
</table>

[表3-2]

<table>
<tr><td colspan="4" align="center">華碩公司
部分損益表-移動基期趨勢百分比</td></tr>
<tr><td>年度</td><td>X1</td><td>X2</td><td>X3</td></tr>
<tr><td>營業收入淨額</td><td>100</td><td>42.27</td><td>93.27</td></tr>
<tr><td>營業成本合計</td><td>100</td><td>42.46</td><td>94.70</td></tr>
<tr><td>管理及總務費用</td><td>100</td><td>74.28</td><td>99.41</td></tr>
<tr><td>推銷費用</td><td>100</td><td>23.35</td><td>57.46</td></tr>
</table>

[表3-3]

<table>
<tr><td colspan="5" align="center">華碩公司
部分損益表-平均基期趨勢百分比</td></tr>
<tr><td>年度</td><td>平均數</td><td>X1</td><td>X2</td><td>X3</td></tr>
<tr><td>營業收入淨額</td><td>$214,367,024</td><td>275.18</td><td>116.32</td><td>108.49</td></tr>
<tr><td>營業成本合計</td><td>200,455,329</td><td>273.73</td><td>116.22</td><td>110.06</td></tr>
<tr><td>管理及總務費用</td><td>925,155</td><td>201.52</td><td>149.69</td><td>148.80</td></tr>
<tr><td>推銷費用</td><td>4,424,532</td><td>365.61</td><td>85.35</td><td>49.04</td></tr>
</table>

Unit **3-3**
特殊分析

特殊分析（Special Analysis）指除了就一般目的的財務報表所作之分析外，分析者常需針對特殊需要，進行所謂的特殊分析。特殊分析所需資訊常不以財務報表所揭露的資訊為限，通常為企業內部人員使用。例如：損益兩平分析及經濟訂購量分析。

一、損益兩平分析（Break-Even Analysis）

所謂損益兩平分析係指企業在某一銷貨數量或金額上，不產生盈餘及虧損，藉此分析可幫助管理人員進行行銷策略的設計。損益兩平公式如下：

$$1.\ \text{BEP(銷售量)} = \frac{固定成本}{單位邊際貢獻} = \frac{固定成本}{單位售價-單位變動成本}$$

$$2.\ \text{BEP(銷售額)} = \frac{固定成本}{邊際貢獻率} = \frac{固定成本}{\dfrac{單位售價-單位變動成本}{單位變動成本}}$$

二、經濟訂購量分析（Economic Order Quantity Analysis）

026

經濟訂購量是存貨管理模型，用以決定每次最佳的訂購量，藉此使存貨總成本維持在最低水準。

EOQ經濟訂購量公式如下：

$$EOQ = \sqrt{\frac{2 \acute{}\ C \acute{}\ D}{H}}$$

C = 每次訂購成本
D = 一單位期間內需求量(通常是一年內)
H = 單位儲存成本

EOQ模型可應用在到貨期間的決定、安全存量以及數量折扣的影響等。採用EOQ模型其基本假設，包含每次進貨量均固定，且一次送達，而非分批次送達；特定期間的需求量為已知資訊，且為固定；訂購成本與儲存成本為已知，且不會改變；不允許缺貨的情況發生；及單位購價固定，不隨進貨數量而發生變動，故指無數量折扣。當有數量折扣情形下，將無法使用上述之EOQ模型。

特殊分析

經濟訂購量

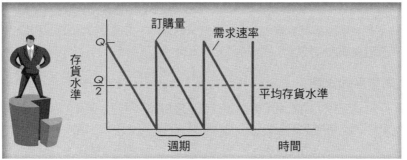

廠商於期初訂購數量Q的存貨，於生產週期間以平均需求速率消耗存貨，待存貨為0時，再重新訂購數量Q的存貨，此時由圖可看出平均存貨水準為Q/2。

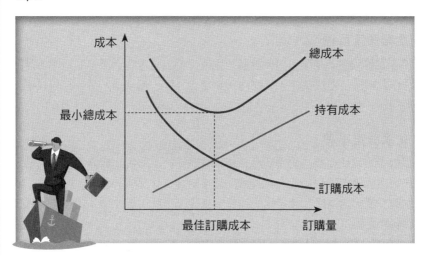

廠商在對產品需求已知的情況下，會出現兩項與存貨相關的成本，即與供應商訂購時所發生的訂購成本，及購入產品後所發生的持有成本。

訂購成本包含處理訂單的成本、貨物運送的保險費用及卸貨成本等，為常見的訂購成本。持有成本包含保險、存貨的稅賦、凍結的資金成本及倉儲成本等，為常見的持有成本。

每單位訂購成本會因為訂購數量的增加，而取得供應商的數量折扣，故每單位訂購成本會愈來愈小，而每單位訂購成本表現在訂購成本曲線的斜率上，所以斜率會愈來愈平。

持有成本與訂購量呈現正相關，故訂購量愈多總持有成本愈高。經濟訂購量是指持有成本與訂購成本之總和最低之每次訂購量。

Unit 3-4
財務報表分析之標準

在評估企業經營績效時，必先選定適當的標準，待與實際計算結果比較後才能定奪企業營運績效之好壞，而標準可分為五類，分述如下：

一、同業平均水準

在同一產業中，由於企業的經營型態不盡相同，不同企業間的經營就可能有很大的差距，因此將同業中所有企業的財務與經營資料，經過加總平均後，得出的同業平均水準，來作為比較依據，可得出企業在同一產業中之地位。

二、同業目標水準（Benchmark）

以同業中績效最好的公司作為比較對象，作為競爭目標或追求目標，供作比較或激勵之用，並且有利於吸收同業標竿的經驗，克服企業經營上的缺點。

三、企業預定目標

將企業實際經營結果與預期數額相比較，得出是否達到預定的標準，進而分析差異，作為檢討及考核責任；且使用預算差異分析，可以進一步分析和找尋企業潛在優勢的部分。

四、企業歷史水準

根據企業以往紀錄，使用統計分析求得歷史的水準，比較分析當期與前期或前數期，透過比較來瞭解企業之經營趨勢及當期財務狀況與營業情況的變化，判斷引起變動的主要因素為何，此變化的性質為有利或不利，但如果公司規模擴大，使用此方法將產生偏差。

五、個人經驗判斷

使用個人經驗判斷之前提下，分析者必須擁有高度的知識及經驗，依其主觀訂出標準，以判斷出企業營運之優劣。

小博士解說

產業分析

可以使用各項分析方法，對特定產業進行剖析。即利用同業水準的方式，分別瞭解企業的經營狀況或財務狀況等，亦可知曉該產業的普遍狀況，進而以產業狀況判斷企業的經營成效。在對產業深入剖析後，可判斷該產業的未來發展可能性，進而決定是否投資、或是與企業交易等。

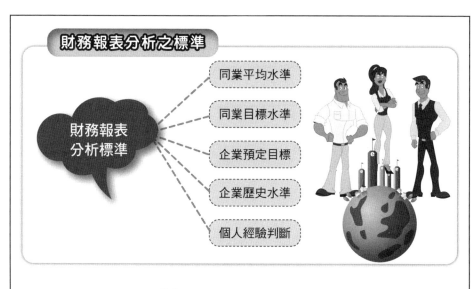

財務報表分析之標準

財務報表
分析標準

- 同業平均水準
- 同業目標水準
- 企業預定目標
- 企業歷史水準
- 個人經驗判斷

財務報表分析之步驟

明確界定分析的目的

確認財務資訊的需求

蒐集攸關且可靠的財務資訊

標準化財務資訊

選擇適當的分析方法及工具

選定標準並且分析比較差異

解釋及判讀資訊

第 **4** 章

營業活動

●●●●●●●●●●●●●●●●●●●●●●●●●●●●●● 章節體系架構 ▼

Unit **4-1**
收益的認列 Part 1

營業活動是指企業在特定的投資與籌資活動下，執行公司的經營計畫。綜合損益表是衡量企業在某一段期間的經營成果，所反映的為企業的營業活動，盈餘是企業營業活動的結果。然而，盈餘的帳面價值應作可能的會計分析性調整，以衡量企業的經營成果，正確的表達企業的獲利能力。

一、收益認列的時點

編制企業的財務報表時，應以會計基礎來編制，對於何時認列收益是重要的。若收益認列在錯誤的時點，也就是指提早認列或是延遲認列，而使得收益歸屬在錯誤的會計期間，會使得損益分析遭到扭曲，造成企業操縱損益的機會。

根據國際財務報導準則之「財務報表編制及表達之架構」規定，資產增加或負債減少之未來相關經濟效益增加已經造成，並能可靠衡量時，應於損益表中認列收益。收益包含收入及利益。舉例來說，長期工程合約採用完工百分比法時，是按工程進度認列收益，主要是因為工程合約在簽約時銷貨交易已經完成，業主及承包商均有義務及能力履行合約，承包商收款的可能性有合理的保障，工程合約可視為連續性的銷貨，隨著工程成本的投入，會造成資產增加，相關未來經濟效益流入已確定，故收益可予以認列。

假設大有雜誌社於102年1月收到訂戶預訂一年雜誌的款項$24,000，雜誌是每個月初發行，並於同年2月開始寄發雜誌，由於大有公司已於102年1月收到款項$24,000，造成資產增加，但由於一年分的雜誌還未完全寄出，故不符合資產的未來經濟效益全部或大部分完成，故不得全部認列收益；年底時，已經有11個月雜誌寄出，故只能認列11個月的收入為$22,000。

實務上，有時需要判斷是否已達銷售點。但企業交付商品後，仍需承擔風險時，此時該筆交易不能視為出售，不得認列收入。

（一）附退貨權之銷貨

有些行業如圖書出版業者、唱片業等，基於行業的習慣，通常允許買方在一定期間內退貨還錢，因此具有很高的退貨率。一般而言，若退貨情況無法合理估計，商品之風險及報酬尚未移轉，不應在銷貨時點認列收益。根據國際會計準則第18號規定，具有高退貨率之銷貨，應全部符合下列條件，則可在銷貨時認列銷貨收入：
1. 企業已將商品所有權的主要風險和報酬移轉給買方。2. 企業對商品既不持續介入管理，亦未維持對該商品的有效控制。3. 收入的金額能夠可靠衡量。4. 與交易有關的經濟效益很可能流入企業。5. 與交易有關的已發生和將發生的成本能夠可靠衡量。

收益認列的時點

何謂收益？

收益

| 收入 (例如：銷貨收入) | 利益 (例如：處分資產利益) |

何時認列收益？

 資產增加或負債減少 + 相關未來經濟效益增加能可靠衡量 = 認列收益

銷貨收入應於何時認列

原則上，銷貨收入應於銷貨完成時實現；而勞務收入則於提供勞務完畢時實現，但還是有例外情形，分述如下：

①生產期間：工程合約採完工比例法認列收入。由於工程合約在簽訂契約時銷貨交易即已經完成，業主及承包商均有義務及能力來履行契約，承包商收款的可能性可以合理保障，工程合約視為連續性的銷貨，隨著工程成本的投入按比例認列收入。

②生產完成時：金銀等貴重金屬及大宗農產品，由於成本已經全數投入，並且隨時可以按市價或保證價格來出售，故於生產完成時即可認列收入。

③銷售時：一般皆在所有權移轉時認列銷貨收入。

④退貨權利屆滿時：高退貨率之行業，例如：出版業、食品業、唱片業等，由於高退貨率之銷貨，其銷貨實現的可能性無法合理估計，故應於退貨期間屆滿時才可認列銷貨收入。

Unit **4-2**
收益的認列 Part 2

　　如前所述可知當符合上述五個條件，可在銷貨時認列為銷貨收入，並預提備抵銷貨退回及讓價。如有任何一項條件未符合，則不當銷貨處理，而將銷貨毛利遞延或當成寄銷處理，直到退貨期間屆滿，或符合上述全部條件，才認列銷貨收入。

一、收益認列的時點（續）

（二）附買回協議之銷貨

　　有些公司利用存貨作為短期融資的手段，先將存貨出售給其他公司，在簽約一定期間後按一定的價格買回。依據國際會計準則第18號規定，附買回協議之銷貨，是不具有交易的實質效果，在此情況下，出售及再買回的兩項交易應合併考慮，不應在銷售商品時認列銷貨收入。

　　最常見之交易為產品融資合約，此種產品融資合約，雖然表面上所有權已經移轉，但實際上只是一種借款而不是真正的銷貨，故不得當銷貨處理，存貨不得轉銷，並應認列負債及利息費用。

二、收入之衡量

　　依據國際會計準則第18號規定，收入應按已收或應收對價之公允價值衡量，公允價值指在公平交易下，雙方已有充分瞭解並且有交易意願，用以達成交換資產或清償負債的金額。

　　交易產生的收入金額通常是按照企業與資產的買方或使用者之間協議決定，收入的金額應考量企業答應的商業折扣及數量折扣（又稱現金折扣）後，按已收或應收對價之公允價值衡量。

　　收入的對價為應收帳款或應收票據時，應按設算利率將未來收入折算成現值，以決定對價的公允價值，但若為了一年期以內的應收帳款和應收票據，因其公允價值和到期值間差距不大，且其交易數量很多，基於成本效益的考量，得不以公允價值衡量，而以到期值來衡量。設算利率指與企業信用等級相當的發行者，所發行的類似金融工具的市場利率及將應收帳款或應收票據的各名目金額折現至商品現銷價格的折現率兩者，取較為明確客觀者。對價的名目金額與公允價值間的差距，應按利息法認列為利息收入。

　　若商品或勞務與同種或同性質的商品或勞務交換，則此交換則不能視為產生收入的交易；若商品或勞務與不同種或不同性質的商品或勞務交換，則此交換則視為產生收入的交易。不能視為產生收入的交易情況通常發生於石油或牛奶，供應商為了滿足特定區域之及時需求，而於不同區域交換存貨。

資產負債表實例

附買回協議之銷貨

由於先將存貨出售，並約定於一定期間後以一定之價格購回，故其非銷售，而是短期融資的手段。常見為產品融資合約。

會計處理時，應將出售及買回兩項交易一同考慮。

> **釋例**
>
> 華凌公司在X1年3月1日將成本$100,000，售價$120,000的商品賣給阿德公司，賣出時約定華凌公司在X1年9月1日將商品按$150,000買回。作華凌公司之相關分錄。

| 出售 | X1/3/1 | 現金 | 120,000 | |
| | | 　　產品融資合約負債 | | 120,000 |

買回	X1/9/1	產品融資合約負債	120,000	
		利息費用	30,000	
		現金		150,000

收入的衡量

收入應按已收或應收對價的公允價值(指公平價值)來衡量，當有商業折扣及現金折扣時，應加以考慮。

當收入為一年以上應收票據或應收帳款，則應將其折現，其後並按利息法認列利息收入。

> **釋例**
>
> 假設快樂公司於X1年1月1日出售機器設備一部給甲公司，收到面額$200,000的三年期票面利率5%的票據，並於每年年底付息。當時市場利率8%，則快樂公司此項銷貨收入應認列多少？

計算公允價值：

本金之複利現值　$200,000×0.793832＝158,766
利息之年金現值　$10,000×2.577097　＝25,771

Unit **4-3**
收益的認列 Part 3

三、工程合約之認列與衡量

工程合約為一承建工程，其工期在一年以上之合約，會計處理方法有兩種：

（一）完工百分比法（Percentage of Completion Gross Profit）

指當建造合約的結果能夠可靠估計時，則才用完工百分比法認列工程收入及費用。根據國際會計準則第11號「建造合約」之規定，企業於同意合約所訂之雙方對所建造資產可執行之權利、交換之對價及結算之方式及條款內容後，通常能作出可靠之估計。

合約的完成程度可以藉由各種不同的方式來決定，企業應該採用能可靠衡量已完成工作之方法。視合約的性質，這些方法可能包含：

1. 至今完工已發生合約成本占估計總合約成本的比例。

2. 已完成工作的探勘占整體應探勘工作的比例。

3. 合約工作實際完成比例。

合約收入應於進行工程之會計期間認列為當期損益之收入，合約收入認列後，若相關的帳款無法收回或很可能無法收回，則應認列壞帳費用，不可調整合約收入。合約成本則於其相關工程之工作進行的會計期間內認列為當期損益之費用，但如果總合約成本預期將超過總合約收入時，此時將發生估計合約的損失，則應立即認列為費用。

採用完工百分比法下，合約收入或合約成本的改變，當成會計估計的變動處理。

（二）成本回收法（Cost Recovery Gross Profit）

指當建造合約的結果無法可靠估計時，則在當期發生的合約成本應在發生當期認列為合約費用；合約收入則根據已發生合約成本預期很有可能收回的範圍內認列收入，亦即不認列超過實際成本的合約收入，故將不會認列工程利益，合約成本若無法收回，則不認列合約收入。合約成本很可能無法收回，應立即認列為費用的例子包含：

1. 合約不能完全執行的問題。

2. 合約的完成依賴於未決訴訟案或法案立法的結果。

3. 客戶無法履行其義務之合約。

4. 合約可能與被徵收或沒收的財產有關。

5. 承包商不能完成合約或無法履行義務的合約。

當無法可靠估計的因素排除時，建造合約應該立即按能可靠估計的情況衡量及認列，亦即應採用完工百分比法處理。

工程合約

完工百分比法之完工比例

| 工程總收入 | ✕ | 完工比例 | ＝ | 至本期為止累積應認列之收入 |

| 至本期為止累積應認列之收入 | － | 以前年度已認列收入 | ＝ | 本期應認列收入 |

 安和公司在X1年承包工程一件，其承包價款為$8,000,000，耗時三年完工，其三年的相關資料如下：

	X1年	X2年	X3年
當年發生成本	$1,800,000	$2,750,000	$2,050,000
估計尚需投入之成本	4,200,000	1,950,000	0
當年請款金額	2,500,000	3,700,000	1,800,000
實際收款金額	2,200,000	3,500,000	2,300,000

(1)按完工百分比法，計算X1年及X2年應承認之工程損益。
(2)按成本回收法，計算X1年及X2年應承認之工程損益，假設第一年底未能合理估計總成本，但估計成本應可收回。

(1)完工百分比法
　X1年
　　完工比例＝$1,800,000÷($1,800,000+$4,200,000)=30%
　　本期應認列收入＝$8,000,000×30%=$2,400,000
　　本期應承認的工程費用＝($4,200,000+$1,800,000)×30%
　　　　　　　　　　　　＝$1,800,000
　　本期工程利益＝$2,400,000－$1,800,000=$600,000
　X2年
　　完工比例＝($1,800,000+$2,750,000)÷
　　　　　　　($1,800,000+$2,750,000+$2,050,000)≒約為70%
　　本期應認列收入＝$8,000,000×70%－$2,400,000=$3,200,000
　　本期應承認的工程費用＝$6,600,000×70%－$1,800,000
　　　　　　　　　　　　＝$2,820,000
　　本期工程利益＝$3,200,000－$2,820,000=$380,000
(2)成本回收法
　X1年　本期應認列收入＝$1,800,000
　　　　　本期應承認的工程費用＝$1,800,000
　　　　　本期工程利益＝$1,800,000－$1,800,000=$0
　X2年　本期應認列收入＝$8,000,000－$1,800,000=$6,200,000
　　　　　本期應承認的工程費用＝$2,750,000
　　　　　本期工程利益＝$6,200,000－$2,750,000=$3,450,000

037

Unit **4-4**
收益的認列 Part 4

圖解財務報表分析

四、分期付款銷貨收入之認列與衡量

分期付款銷貨的特性，是收款期間較長。通常均能在銷售時符合收入認列的條件，賣方將商品轉賣給買方後，即是將主要風險和報酬移轉給買方，而且不再管理或控制此項商品，其收入金額已經確定，收帳和處理收回商品的成本也能合理估計，唯一比較不確定的是收帳的可能性。但賣方願意以分期付款方式來銷售時，表示賣方已經作過徵信調查，認為帳款收回的可能性大於不能收回來的可能性，故應採用普通銷貨法在銷貨時認列為收入。普通銷貨法指分期付款銷貨之現銷價格與銷貨成本之間的差額為銷貨毛利，銷貨毛利應於銷貨時全部認列，與貨款是否收現並無關係。

分期付款銷貨，當採用普通銷貨法下，若壞帳能夠合理估計，應於銷貨時認列銷貨收入，並預估壞帳入帳。但因為分期付款銷貨賣方在法律上仍然保有所有權，故若顧客拒絕付款時，賣方可以將商品收回，其淨變現價值可能足以抵銷帳款餘額，故不一定會發生損失。

當分期付款價格高於現銷價格時，代表分期付款價格有包含延期的利息，延期利息部分在銷貨時，應先列為未實現利息收入，日後隨時間經過再分期按利息法認列利息收入，但若採用直線法攤銷未實現利息收入之結果，與利息法差異不大，亦得採用直線法攤銷未實現利息收入。在資產負債表上，此一未實現利息收入，應認列為應收分期帳款的減項，應收分期帳款應列在流動資產項下。

五、特許權收入之認列與衡量

自創品牌的特許權授權者通常以出售特許權的方式，授權他人經營其特殊企業，並協助加盟者順利營運。而特許權公司主要的特許權收入來源有兩種：

（一）原始特許權費

雙方簽訂權利契約後，由出售特許權人提供某些原始服務，如協助選擇營運地點、訓練員工等，而購買特許權的人需支付費用。此項特許權收入，應等授權公司已履行全部勞務或大部分勞務時，或加盟者開業時，才可認列收入。若原始特許權費是採用分次多期方式收款，且能否收到款項有重大的不確定性，則應於實際收現時才能認列收入。若在協助創業之義務未全部或大部分完成前，特許權收入尚未賺得，應認列為負債（遞延權利金收入）。

（二）續付特許權費

由出售特許權人在營業期間繼續提供服務，如廣告、推廣等，而由購買人定期支付權利金。續付特許權收入，應符合收益認列的原則，才可認列為收入。

收益的認列

分期付款銷貨

採用普通銷貨法。分期付款銷貨之現銷價格與銷貨成本間的差額為銷貨毛利，銷貨毛利應於銷貨時全部認列。

銷貨成本		現銷價格		應收分期帳款
	銷貨毛利		利息收入	

釋例

加權公司在X1年初以分期付款方式出售成本$630,000的機器一部，當日立即收現$100,000，餘款自X1年底開始分五期收款，每期收款$211,038。若該汽車的現銷價格為$900,000，分期付款的利率為10%，且分期應收帳款的收現無重大不確定性，試作X1年有關分錄。

出售	X1/1/1	現金	100,000	
		應收分期帳款	1,055,190	
		銷貨收入		900,000
		未實現利息收入		255,190
收款及調整	X1/12/31	現金	211,038	
		應收分期帳款		211,038
		未實現利息收入	80,000	
		利息收入		80,000

特許權收入來源

原始特許權費	• 提供原始服務 • 例如：訓練員工、選擇營運地點等 • 當公司履行全部或大部分勞務或加盟業者開業，才可認列收入
續付特許權費	• 營運期間繼續提供服務 • 例如：廣告、推廣等 • 符合收益認列原則，方可認列收入

Unit **4-5**

費損的認列 Part 1

藉由收益認列及費損支出的配合，可以衡量企業的損益。收益認列是企業衡量損益的起點，在收益認列後，將相關的成本費用與認列的收益相互配合，以得出企業損益。

一、費損認列的時點

當未來的經濟效益減少並能可靠衡量時，應於綜合損益表上認列費損。費損包含費用及損失。認列費損的同時，亦認列資產減少或負債增加。費損及收益之間的關聯性包含：

（一）直接關聯

費損應考量發生成本與收入間之直接關係。亦即，此過程將直接及共同由同一交易或事項所產生的收入及費用，同時或合併予以認列，亦稱為成本與收入配合。例如：銷貨收入與銷貨成本、銷貨佣金與壞帳損失等。

（二）間接關聯

若預期經濟效益及於數個會計期間，且與收益的關聯性僅可以廣泛或間接的決定，則費用應以有系統且合理的方式分攤，認列於綜合損益表中。例如：不動產、廠房、設備折舊費用的提列；專利權、商標權等無形資產的攤銷。此攤銷程序應在與該項目關聯的經濟效益消耗或到期之會計期間內認列費用。

（三）立即認列費損

若支出未產生未來經濟效益，或在未來經濟效益不符合或終止符合資產負債表中認列為資產的範圍內，應立即認列為費損，此種費用稱為期間費用。例如：公司職員的薪水、訴訟賠償等；又如果商標權在本期發現已無任何經濟價值，則應予以全部沖銷。

小博士解說

未來經濟效益之可能性

可能性的觀念指認列交易或事件時，應參考與項目相關的未來經濟效益的流入或流出企業不確定性的程度，此觀念是為了保持與企業營運環境不確定性的一致性。未來經濟效益流量不確定程度的評估，是以編制財務報表時所能獲得的證據為基礎，例如：當積欠企業的應收帳款很有可能收回時，如無相反的證據，則應將應收帳款認列為資產。

費損的認列

何謂費損？

費損

| 費用 (例如：銷貨成本) | 損失 (例如：處分資產損失) |

何時認列費損？

未來經濟效益減少 ＋ 能可靠衡量 ＝ 認列費損

費損與收益之關聯性

直接關聯
- 成本與收入相配合
- 例如：銷貨收入與銷貨成本

間接關聯
- 僅可以廣泛或間接來決定
- 費用以有系統且合理的方式分攤
- 例如：折舊費用的提列

立即認列
- 支出無產生未來經濟效益
- 稱為期間費用
- 例如：訴訟賠償

Unit **4-6**
費損的認列 Part 2

二、利息資本化的衡量

利息資本化的主要目的是為了使資產的取得成本，更能反映該資產的總成本，除此之外，取得資產的相關成本得在未來資產的使用年限中分攤，以達到收入、費用配合。利息資本化通常要考慮三方面的問題：

（一）應利息資本化的資產

應利息資本化的資產有兩種，包含為供企業本身使用而購置，或由自己或委由他人建造之資，及專案建造或生產以供出租或出售的資產。但下列資產不得將其利息資本化，包含短期間內經常製造或重複大量生產之存貨；已供貨且能供營業使用之資產；目前雖未能供營業使用，但也未再進行使其達到可供使用狀態之必要購置或建造工作之資產（例如：未開發的土地），及符合資本化條件的資產但按照公允價值衡量者。。

（二）應利息資本化的期間

根據國際會計準則第23號「借款成本」規定，資本化期間是指利息必須資本化的期間，應開始利息資本化的三項條件如下：1. 購建資產之支出已發生，包括支付現金、轉移非現金資產或承擔附息債務。2. 正在進行使該資產達到可供使用或可銷售狀態所必要的購建或生產活動。3. 借款之利息成本已經發生。

上述三項條件同時繼續存在時，利息資本化應繼續進行。在資產已完工達可供使用或出售狀態時，應停止利息資本化，故其後所發生之借款成本應認列為費用，計入當期損益。

（三）應利息資本化的金額

對於應利息資本化之資產，所應利息資本化之金額，僅限於該建購期間或生產期間，為支付該項資產成本所必須負擔之利息。每一會計期間，每項資產所得可利息資本化之金額為：

1. 企業為取得某項符合要件之資產而特地舉借之借款

以當期實際發生的借款成本減去尚未動用的借款資金之暫時性投資所得的收益後的金額，作為資本化的金額。

2. 舉借一般資金並用以取得符合要件之資產

計算累積支出平均數時，以支出天數比例為基礎計算加權，最後乘上一般借款的加權平均利率。

3. 在資本化期間內，每一會計期間的可免利息與實際利息成本兩者取較小者，為利息資本化的金額。

利息資本化

應利息資本化之資產

應資本化資產

供企業本身使用而購買之資產

由自己或委託其他人建造之資產

專案建造或生產以供出租或出售之資產

不應資本化資產

經常製造或重複大量生產之存貨

已供或能供營業使用之資產

目前未能供營業使用，但也未再進行達可供使用狀態之購置或建造之資產

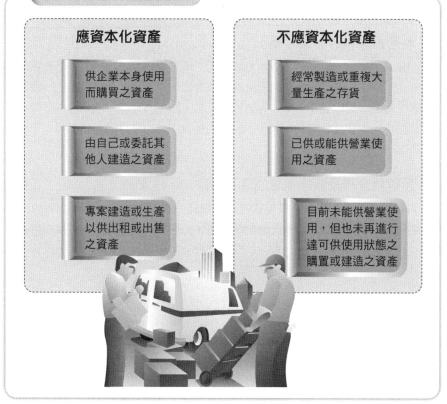

應利息資本化之期間

利息資本化之三項條件

購建資產之支出已經發生

正在進行使該資產達到可供使用或銷售狀態之必要的購建或生產活動

借款的利息成本已經發生

Unit **4-7**
費損的認列 Part 3

二、利息資本化的衡量（續）

由前述可知如何認列與衡量利息資本化，而後應將計算出的資本化利息應併入固定資產的成本，並透過折舊攤提逐期轉為費用，不適當的利息資本化，會使得財務報表上報導較高的資產總額，導致資本化當年的純益較高，同時也會影響相關的投資報酬率，故在分析財務報表時，對於利息資本化的部分應多加注意，避免公司高層蓄意扭曲財務報表。

三、所得稅分析及表達

所得稅是公司一項非常重要的費用，根據一般公認會計準則所認列的所得稅為財務所得，依據稅法推定所列計的所得稱之為課稅所得。然而，因稅法與財務會計準則對資產、負債、權益、收益、費損之認列與衡量可能有所不同，以致產生差異，差異按其原因及性質，可歸類為三類：

（一）暫時性差異

根據國際會計準則第12號「所得稅」規定，當資產或負債之帳面價值不等於其課稅基礎時，將產生暫時性差異，其所有差異最終均會迴轉。當相關資產之帳面價值於未來回收時，或負債的帳面價值於未來清償時，將增加未來期間之課稅所得，因而產生未來應課稅的暫時性差異之遞延所得稅負債；反之，當相關資產於未來回收或負債於未來清償，在決定課稅所得時將產生可減除金額，因而產生未來可減除的暫時性差異之遞延所得稅資產。

以資產而言，應課稅暫時性差異係因資產帳面價值超過其課稅基礎而產生，例如固定資產於報稅時採用加速折舊法，而會計上採用直線法，當資產的帳面價值於未來回收時，將增加未來之課稅所得，此所得稅影響數將產生遞延所得稅負債；反之，當資產之帳面價值小於其課稅基礎時，即產生可減除暫時性差異，例如：固定資產於帳上採用加速折舊法，而報稅時採用直線法，此所得稅影響數將產生遞延所得稅資產。

以負債而言，當負債之課稅基礎超過其帳面價值，例如：應付外幣借款於會計上因兌換利益之認列致使帳面價值減少，但報稅時，該匯兌利益於借款清償時才課稅，將產生未來課稅所得增加，此所得稅影響數將產生遞延所得稅負債；反之，當負債的帳面價值超過其課稅基礎時，將產生可減除暫時性差異，例如：帳上估列應付利息，但報稅時需等到利息實際支付時才可以扣除，此時所得稅影響數將產生遞延所得稅資產。

利息資本化之金額

可利息資本化之利息來源

可利息資本化
之利息來源

為取得資產而特地
舉借之借款利息

舉借一般資金並用以取
得資產所負擔之利息

釋例

假設阿德公司在X1年初開始建置廠房，X1年底建造完成，資金投入的金額及日期分別為：
1/3 $800,000　5/1 $1,000,000　10/1 $900,000
公司帳上的借款：專案借款金額為$2,000,000(利率10%)，長期借款金額為$900,000(利率6%)，應付公司債金額為$600,000(利率8%)，試計算X1年度應資本化之金額。

Step1：計算專案借款之應資本化利息

$$\$2,000,000 \times 10\% = \$200,000$$

投入金額需優先使用專案借款，當專案借款使用完畢後，才可使用一般借款。本題共投入$2,700,000；1/3、5/1及10/1的$200,000皆來自於專案借款，故其他借款的投入為10/1的$700,000

Step2：計算一般借款之累積支出平均數可資本化利息

$$\$700,000 \times \frac{3}{12} = \$175,000$$

Step3：計算一般借款之可資本化利息

$$\$175,000 \times \frac{\$900,000 \times 6\% + \$600,000 \times 8\%}{\$900,000 + \$600,000} = \$11,900$$

Step4：計算一般借款實際利息

$$\$900,000 \times 6\% + \$600,000 \times 8\% = \$101,955 > \$11,900$$

故一般借款之應資本化利息為$11,900

Step5：計算全年應資本化利息及費用

全年應資本化之利息＝$200,000+$11,900＝$211,900

全年應費用化之利息＝$101,955-$11,900＝$90,055

Unit 4-8
費損的認列 Part 4

（二）永久性差異

所謂永久性差異，是指財務會計與稅法規定所發生的差異，影響僅及於當期課稅所得，不會產生未來之應課稅金額或可減除金額，也沒有未來所得稅影響數，故無需作跨期間的所得稅分攤。

例如：交際費、稅捐、罰款等超過稅法規定之部分不予以認定，但財務報表上仍認列為費用。

（三）營業虧損扣抵遞轉所產生的差異

依我國稅法規定，公司本年度的虧損可以遞轉在以後五年，用以抵銷課稅所得時適用，用在計算稅前財務所得時並不適用，因而使稅前財務所得與課稅所得發生差異。

根據**國際會計準則**第12號「所得稅」要求，所有交易及其他事項的所得稅影響數，均應與該交易及其他事項認列方式相同，故所得稅影響數於財務報表中有三種表達方式：

（一）當期損益

認列於損益的交易及其他事項，其當期及以後期間的所得稅影響數，應認列於當期損益。。

（二）其他綜合損益

認列於其他綜合損益之交易及其他事項，其相關的所得稅影響數，應列於其他綜合損益。

（三）股東權益

認列於股東權益之交易及其他事項，其相關的所得稅影響數，應列於股東權益項下。

當期所得稅和課稅所得

當期所得稅是指會計期間內，按課稅所得或損失有關之應付所得稅或可回收所得稅金額。課稅所得指稅捐機關所制定的法規決定當期所得或當期損失，據以應付所得稅或可回收所得稅者。

所得稅分析及表達

所得之分類

所得

財務所得

指會計上所計算出來的所得(一般為本期淨利)

課稅所得

指稅法上所計算出來的所得,其為繳納稅款的依據

發生財務所得與課稅所得差異之原因

差異來源

暫時性差異

永久性差異

營業虧損扣抵遞轉所產生的差異

暫時性

- 資產或負債的帳面價值不等於課稅基礎時所產生之差異
- 會因時間經過而逐漸迴轉消除

永久性

- 財務會計與稅法規定所產生之差異
- 影響只有當年度

營業虧損扣抵遞轉

- 財務所得無,但課稅所得有,所產生之差異
- 我國稅法規定,公司本年度虧損可扣抵未來五年之所得稅

Unit **4-9**
非重複性項目

企業的損益表分析，常會受到非重複性發生項目之影響。在評估企業的獲利能力時，應注意性質特殊、不常發生的項目。在綜合損益表中所列示之非重複性發生損益有兩種，包含性質特殊或不常發生之重大損益項目；停業部門損益，國際會計準則下無非常損益項目，其將原一般公認會計準則下的非常損益併入營業外損益中。

有關於性質特殊或不常發生之重大損益項目，及性質特殊且經常發生之非常損益項目，是屬於繼續營業部門損益的一部分，而停業部門損益及會計原則變動之累積影響數，不包括在繼續營業部門損益裡，應排除在繼續營業部門損益之外，以稅後淨額單獨列示；停業部門損益列示於綜合損益表的繼續營業部門損益後，會計原則變動之累積影響數，則列示於權益變動表中。

一、營業外損益

營業外損益是指與企業主要營業活動無關的任何收入與費用，都不屬於營業淨利的一部分。通常包括四大類：

1. 具重複性但與主要營業活動無直接關聯者。例如：利息收入與利息費用、租金收入、股利收入等。

2. 處分資產的損益。例如：出售機器設備之損益、報廢損失等。

3. 性質特殊或不常發生之重大損益。例如：資產減損。符合性質特殊或不常發生其中任一條件的交易事項，但非指兩者條件兼具，在損益表上應單獨揭露為繼續營業部門損益的一部分。

4. 性質特殊且不常發生之非常損益項目。所謂性質特殊是指與企業正常營業活動無關。所謂不常發生是指不會在可預見的未來發生，如重大意外災害損失、新頒法令禁止營業損失、資產被外國政府沒收的損失及債務整理利益。

二、停業部門損益

損益表上，通常列示在繼續營業部門損益下方。企業如果在年度中處分一個重要部門，此項資訊在財務報表上需作適當的表達。因為，被處分部門之損益資料，對於報表使用人預測未來盈餘及現金流量極為重要。

影響停業部門損益的衡量與報導通常有兩個日期：衡量日及處分日。衡量日，是指管理當局正式核准處分的日期；處分日，是指處分完成的日期；而衡量日至處分日之期間稱為處分期間。因此，停業部門損益應分為兩部分表達：

1. 當年度營業損益：自年度開始日至衡量日所發生之營業損益。

2. 處分損益：指處分期間所發生之損益。

上項有關停業部門損益，均應在衡量日衡量，且以稅後淨額表達。

非重複性項目

綜合損益表中之非重複性損益

| 營業外損益 | • 來自主要營業活動無關的任何收入與費用
• 表達在繼續營業部門中 |

| 停業部門損益 | • 來自於企業在年度中處分一個重要部門所產生的損益
• 表達在繼續營業部門後 |

| 非常損益 | • 來自於性質特殊且不常發生之收入與費用
• 國際會計準則將其表達在營業外損益中 |

| 會計原則變動
累積影響數 | • 由於新舊會計原則變動對以前年度累積損益之影響
• 國際會計準則將其列於權益變動表中 |

停業部門損益

衡量日　　　　　　　　資產負債表日　　　　　　　處分日

認列營業損益

認列處分損益

釋例　大河公司在X3年9月1日處分旗下的出版部門，該部門在X3年8月底前有營業淨利$200,000，9月1日到12月31日有營業損失$500,000，預計X4年初至4月30日有營業損失$300,000，估計4月30日處分出版部門將有$400,000的利益。假設所得稅率為25%，X3年大河公司損益表中所列停業部門損益的金額應為多少？

營業損失＝($500,000＋$300,000)－$200,000＝$600,000

Unit 4-10
現金流量表及營業活動現金流量 Part 1

　　現金流量表是四種主要報表之一，目的在幫助報表使用者評估企業未來產生淨現金流入、償還負債及支付股利的能力，瞭解本期損益與營業活動所產生現金流量間的差異及原因，以及本期現金與非現金的投資與籌資活動對於財務狀況的影響。現金流量表在格式上，將現金流入與現金流出分為營業、投資及籌資活動三類，本節僅介紹營業活動現金流量，投資及籌資活動分別於第五、第六章作詳細的介紹。

一、營業活動的現金流量

（一）營業活動現金流入

　　通常包括：

1. 現銷商品及勞務、應收帳款或票據收現及預收以後年度銷售款項。
2. 收取利息及股利。
3. 其他非因投資活動及籌資活動所產生之現金流入，例如：訴訟受償款、存貨保險理賠款等。

　　收取利息及股利通常分類為營業活動現金流入，因為是計算當期損益之項目，但也可視為投資之報酬分類為投資活動現金流入。

（二）營業活動現金流出

　　通常包括：

1. 現購商品及原料，償還供應商帳款及票據。
2. 支付各項營業成本及費用。
3. 支付稅捐、罰款及規費。
4. 支付利息。
5. 其他非因投資活動及籌資活動所產生之現金流出，例如：訴訟賠償款、捐贈及退還顧客貸款等。

　　支付利息通常應分類為營業活動現金流出，因為是計算當期損益之項目。但利息支付亦可分類為籌資活動現金流出，因為是取得財務資源的成本。當一筆金融負債之清償包含本金的償還及利息的償還時，其現金流量應分別處理，本金償還列入籌資活動現金流出，利息償還列入營業活動或籌資活動現金流出。

　　支付利息及股利通常分類為營業活動現金流出，因為是計算當期損益項目；但也可分類為籌資活動現金流出，因為認為其代表財務資源的成本。

　　所得稅支付通常分類為營業活動現金流量，惟當實務上可以辨認所得稅之現金流量與某一分類為投資或籌資活動現金流量之個別交易有關時，可以將所得稅現金流量分類為投資或籌資活動現金流量。

華碩資產負債表

XX公司 現金流量表 XX年度	
營業活動現金流量	
稅前淨利	
調整項目	
營業活動之淨現金流量	1
投資活動現金流量	
調整項目	
投資活動之淨現金流量	2
籌資活動現金流量	
調整項目	
籌資活動之淨現金流量	3
現金及約當現金淨增加(減少數)	4=1+2+3
期初現金及約當現金餘額	5
期末現金及約當現金餘額	6=4+5
其他不影響現金及約當現金	

營業活動的現金流量

其金額一般來自於資產負債表中之流動資產及流動負債與損益表。

營業活動現金流入		營業活動現金流出	
流動資產	應收帳款及票據收現；預收收入	流動負債	償還供應商帳款及票據
損益表	現銷商品及勞務；收取利息、股利	損益表	現購商品及勞務；支付利息；支付各項營業成本及費用；支付稅捐、罰款及規費
不是因為投資及籌資活動所產生的現金流入		不是因為投資及籌資活動所產生的現金流出	

Unit **4-11**
現金流量表及營業活動現金流量 Part 2

圖解財務報表分析

二、營業活動現金流量之表達方式

營業活動現金流量的表達方式，分為間接法及直接法：

（一）間接法

間接法是指以損益表中本期稅前淨利為基礎，調整當期不影響現金流量之損益項目、與損益有關之流動資產及流動負債項目之變動金額、資產處分及債務清償之損益項目，以求算當期由營業產生之現金流入或流出。

（二）直接法

直接法是指直接列出當期營業活動所產生之各項現金流入及流出，也就是說直接將損益表中與營業活動有關之各項目，由應計基礎轉換成現金基礎以求算之。

由於直接法可提供有助於估計未來現金流量之資訊，且該資訊是無法由間接法下獲得，故公報鼓勵企業採用直接法報導營業活動之現金流量，然而直接法下無法瞭解損益數字與營業活動所產生現金流量之關聯性。故若採用直接法表達營業活動現金流量時，應另揭露間接法表達營業活動現金流量部分，作為現金流量之補充資訊。

三、營業活動現金流量之計算

（一）間接法

稅前淨利＋調整項目（包含不影響現金之損失項目－不影響現金之利得項目＋債務清償損失－債務清償利得＋資產處分損失－資產處分利得＋利息費用）＋流動資產減少數及流動負債增加數－流動資產增加數及流動負債減少數＝營運產生之現金－利息支付數－所得稅支付數＝來自營業活動之淨現金

上述計算式中，不影響現金流量之損益，由於與營業活動無關，故應從淨利中調整剔除，包含：

1. 折舊、折耗、無形資產之攤銷。
2. 應付公司債折（溢）價及發行成本之攤銷。
3. 長期債券投資折（溢）價攤銷。
4. 權益法所認列之投資損益。
5. 退休金負債變動、預付退休金變動。
6. 債務清償損益。
7. 資產處分損益。

直接法與間接法表達之優缺點

優點

缺點

備註

	優點	缺點	備註
直接法	有助於預測企業未來的現金流量	易令人誤解有應計基礎與現金基礎兩種不同的損益數字	理論上較佳，但實際上較少使用
間接法	係強調本期損益與營業活動之現金流量兩者間的差異原因及數額	無法知悉個別營業活動之現金流入或流出額，且自本期損益加回折舊、折耗、攤銷費用，易令人誤解這些費用之提列會產生現金流入	使用較為普遍

間接法公式整理

（一）間接法
　　　本期純益

本期純益

```
＋債務清償損失
－債務清償利得      附註
＋資產處分損失      (一)
－資產處分利得
```

```
＋不影響現金之損失項目    附註
－不影響現金之利得項目    (二)
```

```
＋流動資產減少數、流動負債增加數
－流動資產增加數、流動負債減少數
```
―――――――――――――――――――――
　　由營業產生之淨現金流入或流出

資產處分
現金流入
流動負債

附註(一) 資產處分與債務清償損益
　　　　因為與營業活動無關，應從淨利中調整剔除。
附註(二) 不影響現金流量之損益

Unit 4-12
現金流量表及營業活動現金流量 Part 3

利息費用於調整項目中先行加回，其加回金額為應計基礎下之利息費用，而實際支付現金則列於利息支付中，用以計算來自營業活動之淨現金。由於營業活動現金流量之計算是由稅前淨利開始，故不調整遞延所得稅資產及負債之增減變動數與應付所得稅之增減變動數，且所得稅及利息支付的現金流量應單獨揭露。

（二）直接法

採直接法報導營業活動之現金流量時，至少應分別列示之現金收支項目，包含銷貨之收現數、利息收入及股利收入之收現數、其他營業收益之收現數、支付供應商及員工之現金、其他營業費用支付數、利息費用支付數、支付之所得稅，企業視實際需要，得就上述項目作更詳細之分類。以下分別說明各項目應如何計算：

1. 銷貨收現數＝損益表中之銷貨收入加（減）應收帳款總額減少（增加）加（減）預收貨款增加（減少）－沖銷壞帳，即為若計算時為應收帳款淨額，則加（減）應收帳款淨額減少數（增加數）後，並減提列呆帳費用。

2. 利息收入收現數＝損益表中之利息收入加（減）應收利息減少（增加）加（減）債券投資溢（折）價攤銷。

3. 其他營業收益之收現數＝損益表中之其他營業收益加（減）應收收益減少（增加）加（減）預收收益增加（減少）。

4. 進貨付現數＝損益表中之銷貨成本加（減）存貨增加（減少）加（減）應付帳款之減少（增加）。

5. 營業費用付現＝損益表中營業費用加（減）應付費用減少（增加）加（減）預付費用增加（減少）減非現金項目（折舊、攤銷、壞帳）。

6. 利息費用付現數＝損益表中利息費用加（減）應付利息減少（增加）加（減）公司債溢（折）價攤銷。

7. 所得稅付現數＝損益表中所得稅費用加（減）應付所得稅減少（增加）加（減）遞延所得稅負債減少（增加）加（減）遞延所得稅資產增加（減少）。

圖解財務報表分析

容易混淆之交易分類

1. 與損益有關之交易 (1) 處分資產損益：列於投資活動現金流量中。(2) 償還債務損益：列於融資活動現金流量中。(3) 其他各項損益：列於營業活動現金流量中。2. 買賣證券投資之現金流量：(1) 交易目的：列於營業活動現金流量中。(2) 非交易目的：列於投資活動現金流量中。

荷葉公司在98年簡明的損益表資料如下：

銷貨收入		$100,000
銷貨成本		58,000
銷貨毛利		$ 42,000
營業費用		
折舊費用	$ 8,000	
其他費用	12,000	20,000
稅前淨利		$22,000
所得稅費用		6,600
淨利		$15,400

98年流動資產及流動負債科目餘額變動如下：

現金增加數	$3,700
應收帳款減少數	$4,000
存貨增加數	$8,900
應付帳款減少數	$4,600
應付薪資增加數	$1,700

直接法下：
　由顧客處收現數＝$100,000＋$4,000＝
　　　　　　　　$104,000
　支付供應商的現金＝$58,000＋$8,900＋
　　　　　　　　$4,600＝$71,500
　支付營業費用的現金＝$12,000－$1,700
　　　　　　　　＝$10,300
　支付所得稅的現金＝$6,600
　營業活動現金流量
　　$104,000－$71,500－$10,300－$6,600
　　＝$15,600

間接法下：

淨利	$15,400
加：折舊費用	8,000
應收帳款減少數	4,000
應付薪資增加數	1,700
減：存貨的增加數	(8,900)
應付帳款減少數	(4,600)
由營業活動所產生的現金流量	$15,600

營業現金流量金額		損益表金額	調　　　整
銷貨收現	＝	銷貨收現	＋(－)應收帳款總額減少(增加)
			＋(－)預收貨款增加(減少)
			＋壞帳收回－沖銷壞帳

營業現金流量金額		損益表金額	調　　　整
利息收入收現(付現)	＝	利息收入(費用)	＋(－)應收利息減少(增加)
			＋(－)債券投資溢(折)價攤銷

營業現金流量金額		損益表金額	調　　　整
其他收益收現	＝	其他收益	＋(－)應收收益減少(增加)
			＋(－)預收收益增加(減少)

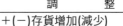

營業現金流量金額		損益表金額	調　　　整
進貨付現	＝	銷貨成本	＋(－)存貨增加(減少)
			＋(－)應付帳款減少(增加)

營業現金流量金額		損益表金額	調　　　整
營業費用付現	＝	營業費用	＋(－)應付費用減少(增加)
			＋(－)預付費用增加(減少)
			－非現金項目(折舊、攤銷、壞帳)

營業現金流量金額		損益表金額	調　　　整
所得稅付現	＝	所得稅費用	＋(－)應付所得稅減少(增加)
			＋(－)遞延所得稅負債減少(增加)
			＋(－)遞延所得稅資產增加(減少)

第 **5** 章
投資活動

●●●●●●●●●●●●●●●●●●●●●●●●●●● ●章節體系架構 ▼

Unit **5-1**
應收帳款的評價與分析

　　資產負債表上，應收帳款是以淨變現價值報導，應收帳款減備抵壞帳即為應收帳款的淨變現價值。在作應收帳款分析時，面臨最主要的問題是應收帳款的真實性，應收帳款難免發生無法收回之情事，這種無法收回的帳款我們稱之為壞帳或是呆帳。因此，應收帳款之評價，需對其收回的可能性加以評估，也就是評估應收帳款的收現風險。壞帳認列的時點可分為兩種，分別是直接沖銷法及備抵法。

一、直接沖銷法

　　直接沖銷法為在確定無法收回帳款時才認列呆帳損失，並將應收帳款直接沖銷。此法並不符合一般公認會計準則，只有在企業以現銷為主且應收帳款金額很低，採用該法不影響財務報表公允表達之情況下，才可使用。

二、備抵法

　　備抵法則是依據賒銷額或流通在外應收帳款金額來估計可能發生的壞帳金額，依估計結果，於銷貨當期認列呆帳費用，間接減少應收帳款的金額。備抵法下，估計壞帳的方式可以分為損益表法及資產負債表法兩種方法。

（一）損益表法（Income Statement Approach）

　　可分為賒銷淨額百分比法及銷貨淨額百分比法。是指按過去實際發生的壞帳與銷貨的關係，以估計本期的壞帳費用。

　　計算方式為銷貨（或賒銷）乘以壞帳率為當期壞帳費用估計數。

　　使用損益表法估計壞帳費用之優點為，收入與費用可以相互配合；缺點為損益表法未考慮備抵壞帳調整之前的餘額，及期末應收帳款之特性，因此應收帳款不一定能反映其淨變現價值。

（二）資產負債表法（Balance Sheet Approach）

　　可分為帳款餘額百分比法及帳齡分析法兩種估計基礎，是按照壞帳與應收帳款餘額之關係，以估計期末應有之備抵壞帳餘額。

　　計算方式為期末應收帳款乘以壞帳率得到調整後備抵壞帳餘額，調整後備抵壞帳扣除調整前備抵壞帳後，得到當期壞帳估計數。

　　採用資產負債表法估計壞帳費用之優點為，應收帳款較能按淨變現價值評價表達；缺點為應收帳款可能含有以前年度銷貨所產生之帳款，依此計算的壞帳費用可能較無法使收入和費用相互配合。

　　在實務上，企業大多會考慮整體經濟、產業及債務人目前及未來的狀況，並根據過去經驗來估列壞帳。

應收帳款評價方法之比較

	分類	作法	優點	缺點
直接沖銷法	直接沖銷法	在確定無法收回帳款時才認列呆帳損失，並將應收帳款直接沖銷。	帳務成本較低	不符合一般公認會計準則，只有在企業以現銷為主且應收帳款金額很低，採用該法不影響財務報表公允表達之情況下，才可使用。
備抵法	損益表法	按過去實際發生的壞帳與銷貨的關係，以估計本期的壞帳費用。計算方式為銷貨（或賒銷）乘以壞帳率為當期壞帳費用估計數。	收入與費用可以相互配合	損益表法未考慮備抵壞帳調整之前的餘額，及期末應收帳款之特性，因此應收帳款不一定能反映其淨變現價值。
	資產負債表法	按照壞帳與應收帳款餘額之關係，以估計期末應有之備抵壞帳餘額。計算方式為期末應收帳款乘以壞帳率得到調整後備抵壞帳餘額，調整後備抵壞帳扣除調整前備抵壞帳後，得到當期壞帳估計數。	應收帳款較能按淨變現價值評價表達	應收帳款可能含有以前年度銷貨所產生之帳款，依此計算的壞帳費用可能較無法使入和費用相互配合。

備抵法

（一）損益表法

賒銷淨額 × 壞帳率 ＝ 壞帳費用

（二）資產負債表法

期末應收帳款 × 壞帳率 ＝ 期末應有之備抵壞帳
期末應有之備抵壞帳 － 期初備抵壞帳 ＝ 本期應提列之壞帳

Unit 5-2
存貨的分析及評價 Part 1

存貨是指企業在特定期間所擁有，供正常營業出售之用。存貨包括商品、原料、在製品及製成品。就會計來說，企業在一定期間內可供出售的商品總額中，當期已經出售的部分，其成本應轉入銷貨成本（費用），尚未出售的部分，則為期末存貨（資產）。

一、存貨錯誤之影響

期末存貨評價是否正確，不單單只是影響資產負債表上的存貨項目，對於損益表中銷貨成本及淨利也會產生影響。同時，期末存貨的評價如果發生錯誤，除了影響本期的報表之外，也會影響下期損益的計算，這是因為本期期末存貨成本會轉入到下期的期初存貨，進而影響到下期的銷貨成本。

一般來說，期末存貨若高估，則本期的銷貨成本會低列，導致本期純益虛增，當年度保留盈餘會高估。隨著下一期的期初存貨高估，會使得下期的銷貨成本虛增，純益虛減，使得當年保留盈餘會正確。雖然兩年度的純益合計正確，但各年度的純益會受到扭曲。反之，若本期之期末存貨低估，對財務報表的影響正好會相反。

二、存貨的成本流動假設

一般的存貨成本流動假設有先進先出法、平均成本法、個別認定法三種，原有之後進先出法，國際會計準則禁止採用。在物價變動期間，不同的存貨成本流動假設，所計算的存貨成本將會有所不同，因此存貨成本計算方式，會影響損益及資產的數字。依據國際會計準則第2號「存貨」規定，成本流動假設原則上採用先進先出法及平均成本法，例外情況下才可採用個別認定法。

（一）先進先出法（First-in, First-out，簡稱FIFO）

假設先買進的商品之成本會先依序轉為銷貨成本。因此，期末存貨是最近購入的商品成本。此法的優點為期末存貨的成本較趨近於重置成本（目前的市價）；且較不易造成損益操縱，因為企業無法自由選定轉銷為銷貨成本的成本項目。缺點為以最早的成本與現在之收益相配合，在物價上升的情況下，銷貨毛利含有存貨的持有利得，不易評估管理者的經營績效；且物價上漲期間，此法淨利較高，產生的租稅負擔較重，股東也容易要求公司發放更多的股利，因此容易侵蝕公司資本的完整性。

使用先進先出法時，不論永續盤存制或定期盤存制，兩者之存貨成本與銷貨成本均相同。

	銷貨收入
期初存貨	
＋ 本期進貨	
－ 期末存貨	＝ 銷貨成本
	銷貨毛利
	－ 銷管費用
	本期淨利

由左列式子可看出，期初存貨與本期進貨對銷貨成本是成正比，而期末存貨與銷貨成本成反比。

若本期期末存貨高估，則銷貨成本會低估，造成淨利高估，但是本期期末存貨高估則代表下期期初存貨低估，使下期銷貨成本高估而造成淨利低估；若以單年度來看淨利是扭曲的，但若以保留盈餘(累積)的觀點來看，下年度期末保留盈餘是正確的，所以我們認為存貨高(低)估是有互抵效果的，反之亦然。

存貨制度介紹	說明	優點	缺點
永續盤存制（帳面盤存制）	設置存貨明細帳，對日常發生的存貨增加或減少，都必須根據會計憑證在帳簿中進行連續登記，並隨時在帳面上結算各項存貨的結存數。	隨時反映某一存貨在會計期間內收入、發出及結存的詳細情況，有利於加強對存貨的管理與控制。	帳務成本較高，核算比對工作較為繁瑣。
定期盤存制（實地盤存制）	假定除期末庫存以外的存貨均已出售，因此，在實地盤存制下，因銷售而減少的存貨不予記錄，只記增加的存貨，即「存貨」帳戶平時保持不變，另外設「進貨」帳戶反映當期購入的存貨，同時設立「運（雜）費」、「進貨退回與折讓」和「進貨折扣」帳戶，期末通過調整分錄將「存貨」帳戶調整為本期的銷貨成本。	核算工作比較簡單，工作量較小。	實地盤存制無法連續反映存貨的增減變化，把因失竊等管理不善而減少的存貨也視為銷售，不利於存貨的管理。因此，實地盤存制只適應數量大、價值低、收發頻繁的存貨。

Unit 5-3
存貨的分析及評價 Part 2

（二）平均成本法（Average Cost Method）

　　當企業存貨同質性很高，應假設同一種貨品均混合在一起，假設出售單位之成本，是當期所有可供出售單位之加權平均成本，其銷貨成本或期末存貨均是以平均價格計算。平均成本法利用加權平均成本，可降低成本波動所造成的影響。

　　因此，當物價上升時，加權平均成本較期末進貨成本為低；反之，當物價下跌時，加權平均成本較期末進貨成本為高。採用平均成本法之優點，還有可減少管理當局操縱損益的機會，且計算簡單。但缺點則是企業的商品存貨並非隨機或平均出售，平均單位成本可能與期末實際價格仍有差異。

　　按加權平均法計算的期末存貨成本，介於先進先出法及後進先出法所計算的期末存貨成本之間，在定期盤存制下，必須用全年度加權平均法；在永續盤存制下，則使用移動平均法。

1. 加權平均法（Weighted Average Method）

　　採用定期盤存制，由於平時不記錄銷貨成本，而在期末盤點存貨後，再來計算全年度可供出售商品之總成本及總數量，並計算全年度的加權平均單位成本，以此加權平均單位成本乘以期末存貨數量，得出期末存貨成本，再從可供出售商品總成本中減去期末存貨成本得到銷貨成本。

2. 移動平均法（Moving Average Method）

　　採用永續盤存制，由於平時進貨即已計算加權平均單價，以此加權平均單價作為計算銷貨成本的基礎，等到下次進貨時，再重新計算一次加權平均單價，以作為下次銷貨時，計算銷貨成本的根據。

（三）個別認定法（Specific Identification Method）

　　所謂個別認定法，是指某件商品出售時，以實際購進的價格作為銷貨成本；尚未出售的存貨，亦個別按實際購入的成本計算。個別認定法適用於為特定計畫而生產、不能替代及加以區隔的貨品或勞務，即是量少、價高之商品較為合適。

　　不論採用永續盤存制或定期盤存制均可使用個別認定法，但因為永續盤存制每次銷貨時均應決定銷貨成本，故配合使用個別認定法，較定期盤存制更為適合。

　　如果物價不變，不論採用任何一種存貨成本流動假設，所得到的結果均相同。但在物價有變動時，各種方法之選用其結果均不相同。在物價上漲期間，使用先進先出法，會有較低的銷貨成本及較高的盈餘；反之在物價下跌期間，使用先進先出法，則會有較高的銷貨成本及較低的盈餘。

存貨流動假設之比較

	作法	優點	缺點
先進先出法	先買進的商品之成本,會先依序轉為銷貨成本。因此期末存貨是最近購入的商品成本。	期末存貨的成本較趨近於重置成本(目前的市價);且較不易造成損益操縱,因為企業無法自由選定轉銷為銷貨成本的成本項目。	以最早的成本與現在之收益相配合,在物價上升的情況下,銷貨毛利含有存貨的持有利得,不易評估管理者的經營績效。
加權平均法	**定期盤存制**下使用,在期末盤點存貨後,再來計算全年度可供出售商品之總成本及總數量,並計算全年度的加權平均單位成本,以此加權平均單位成本乘以期末存貨數量,得出期末存貨成本,再從可供出售商品總成本中減去期末存貨成本得到銷貨成本。	利用加權平均成本,可降低成本波動所造成的影響,因此,當物價上升時,加權平均成本較期末進貨成本為低;反之,當物價下跌時,加權平均成本較期末進貨成本為高,且可減少管理當局操縱損益的機會,且計算簡單。	企業的商品存貨並非隨機或平均出售,平均單位成本可能與期末實際價格仍有差異。
移動平均法	**永續盤存制**下使用,平時進貨即已計算加權平均單價,以此加權平均單價作為計算銷貨成本的基礎,等到下次進貨時,再重新計算一次加權平均單價,以作為下次銷貨時,計算銷貨成本的根據。		
個別認定法	商品出售時,以實際購進的價格作為銷貨成本;尚未出售的存貨,亦個別按實際購入的成本計算。永續盤存制配合使用個別認定法,較定期盤存制更為適合。	適用於為特定計畫而生產、不能替代及加以區隔的貨品或勞務,即是量少、價高之商品較為合適。	

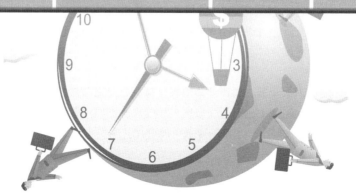

Unit 5-4
存貨的分析及評價 Part 3

三、成本與淨變現價值孰低法評價存貨

（一）成本與淨變現價值孰低法之應用

　　所謂成本與淨變現價值孰低法，是指期末存貨的評價以成本與淨變現價值較低者為基礎。基於穩健原則，當期末發生跌價損失時，應即在發生之當期認列損失；但存貨增值時，則不認列未實現之增值。

　　依據國際會計準則第2號「存貨」規定，「成本」是指以歷史成本為基礎，而計算出之取得成本；「市價」是指淨變現價值，淨變現價值之決定應以資產負債表日為準，其計算應以正常營業下之估計售價為基礎，但存貨係為供應銷售合約而保留者，應以契約價格為基礎。所謂淨變現價值指在正常情況下之估計售價扣除至完工尚需投入之製造成本及銷售費用後之餘額。

　　製成品存貨，應可直接對外出售，故其淨變現價值則是該存貨在正常營業情況下的估計售價減去估計的銷售費用或相關稅費後的金額。在製品及原料，其淨變現價值為製成品在正常營業情況下的估計售價，減去至完工時估計要發生的成本、銷售費用和相關稅費後的金額，在此情況下，由於原物料等估計將要發生的成本較為困難，故以重置成本作為淨變現價值的最佳估計數。

（二）成本與淨變現價值孰低法對財務報表之影響

　　當期末存貨市價低於成本時，在成本與淨變現價值孰低法下，應認列跌價損失。如採用備抵法，則借記：存貨跌價損失，貸記：備抵存貨跌價損失。存貨跌價損失列在損益表中的其他損失，而備抵存貨跌價損失則列在資產負債表中作為存貨科目的抵銷科目。

　　若先前導致存貨淨變現價值低於成本之因素消失，或有證據顯示經濟情況發生改變而使淨變現價值回升時，企業應於原先計提備抵跌價損失的範圍內，轉回存貨淨變現價值之增加數，亦即沖銷備抵跌價損失，並認列當期存貨相關費損的減少。

　　在分析存貨時，應注意成本與淨變現價值孰低法之影響。在物價上升時，不論採用何種成本流動假設，成本與淨變現價值孰低法均會低估存貨成本，致使流動比率偏低。

　　成本與淨變現價值孰低法對資產負債表上存貨之評價趨於穩健，但其損益表之表達則不一定穩健，因為，在提列跌價損失年度之純益雖然較低，但若預期售價降低並不重大，或不降，則下一年度的存貨可能會比正常情況要高。

淨變現價值涵義

正常營業情況下的估計售價減去估計的銷售費用或相關稅費後的金額。

製成品在正常營業情況下的估計售價,減去至完工時估計要發生的成本、銷售費用和相關稅費後的金額。

原物料等由於估計將要發生的成本較為困難,故以重置成本作為淨變現價值的最佳估計數。

製成品

存貨　在製品

原物料

成本與淨變現價值孰低法適用情況

科技的迅速發展、產品更新汰換愈來愈快,企業大部分存貨面臨跌價,隨著經濟全球化的發展,科學技術日新月異,產品更新愈來愈快,從而導致企業所提供的產品和勞務過時的速度加快。

高素質財會人員隊伍的培養和發展壯大。在我國真正採用成本與淨變現價值孰低法進行存貨計價的企業還不多,即使採用了,也不太規範。由此可見我國還需要培養大批高素質財會人才,以更好地進行和實施成本與淨變現價值孰低法。

企業實際管理水平較高,硬體和軟體基礎條件較好,管理當局有較高的素質和業務水平。計提跌價準備將在帳面上減少公司資產,降低公司帳面利潤,從而影響公司的股價,甚至導致公司的破產清算,這些恰恰是企業管理者不願看到的。業務水平不高的小規模企業有可能不知道怎麼運用成本與淨變現價值孰低法,並適當計提存貨跌價準備。

政府和企業共同努力,積極推行和運用成本與淨變現價值孰低法。財政部要根據市場經濟狀況和發展趨勢以及國內外環境的變化,適時制定相關財會法規和條例,逐漸建立和完善財會法律與法規,以儘快使我國企業會計核算和計價方法得到規範與正規化。

Unit 5-5
存貨的分析及評價 Part 4

四、毛利法（Gross Profit Method）

毛利法為特殊的存貨估計方法，是運用過去的銷貨毛利率，以估計本期銷貨成本及期末存貨金額的一種方法。

其適用情況包含存貨因意外災害，使存貨受損且無永續盤存紀錄可供參考，在實地盤存制之企業編制其財務報表時，基於盤點存貨之困難及成本效益之考慮等，可採用毛利法估計期末存貨之金額。

採用毛利法下，其基本假設為本期毛利率與以前各年度之平均毛利率並無重大差異，及未銷售之商品應仍在倉庫中等待出售，因此可供出售商品成本扣除本期銷貨成本，即為期末銷貨成本。

以下介紹毛利法的計算步驟：

1. 決定正常的毛利率。通常是指上年度或過去數年銷貨毛利率的平均數，調整本期已知的變動情況計算而得。
2. 將本期的銷貨淨額乘以正常毛利率，以估計本期的銷貨毛利。
3. 本期銷貨淨額減估計銷貨毛利，即得本期估計的銷貨成本。
4. 將期初存貨加本期進貨減估計銷貨成本，即得本期估計期末存貨。

五、零售價法（Retail Inventory Method）

零售價法使用於商品種類繁多、進出量大且頻繁之特殊行業，例如：便利商店。若採用永續盤存制，則帳務處理成本相當龐大；若採用定期盤存制，則因為無法經常盤點，故無法隨時瞭解商品庫存狀況。若商品之售價係依照成本配合一固定比例加乘，則可按照成本與零售價的關係，來估計期末存貨的成本。

零售價法的主要用途在於，驗證會計期間終了時存貨成本的合理性、加速期末存貨的盤點、簡化帳務處理程序及方便期中編制報表。

以下介紹零售價法的計算步驟：

1. 使用期初存貨及本期進貨的零售價，並調整零售價的變動，並減除銷貨收入，即得可售商品成本的零售價總額。
2. 依各種流動假設，計算成本與零售價之百分比。
3. 將可售商品成本的零售價總額乘以成本與零售價之百分比，即得估計之期末存貨成本。

毛利法與零售價法之差異在於，毛利法係以過去之平均銷貨毛利率或銷貨成本率為估計依據；而零售價法，係以已知本期期末存貨之零售價，故以本期實際之成本率為估計之依據。

毛利率法之步驟與假設

決定正常的毛利率 → 將本期銷貨淨額乘以正常毛利率，以估計本期的銷貨毛利。 → 本期銷貨淨額減估計銷貨毛利，即得本期估計的銷貨成本。 → 將期初存貨加本期進貨減估計銷貨成本，即得本期估計期末存貨。

基本假設
1. 毛利率與以前各年度之平均毛利率並無重大差異。
2. 未銷售之商品應仍在倉庫中等待出售。

零售價法釋例(平均成本零售價法)

採用平均成本零售價法估價存貨成本

金額單位：元

	按成本	按零售價
期初存貨	100,000	150,000
本期購貨淨額	350,000	450,000
可供銷售的存貨總額	450,000	600,000
減：本期銷售額		500,000
按零售價計算的期末存貨		100,000
成本比率（450,000÷600,000）×100%		75%
期末存貨的估計成本		75,000

若以 先進先出零售價法 計算

$$期末存貨 = 100,000 \times \frac{450,000 + 100,000}{600,000 + 150,000} \ (73.3\%) = \$73,333$$

Unit **5-6**
證券投資的評價及分析 Part 1

一、投資的分類與評價

（一）分類

1.債務證券

是指代表某一企業具有債權人關係的任何債券，債券通常包括公債、公司債、轉換債券、強制贖回或附賣回權特別股、商業本票及其他證券化之債務憑證。

2.權益證券

是指代表對某一企業之所有權；或能按約定價格或某種方式決定的價格，有權取得或處分對某一企業所有權的任何證券。權益證券通常包括普通股、特別股、認股權、認股證等。

3.衍生性商品

與他人訂立衍生性商品合約，如期貨、選擇權、遠期合約及利率交換等。

4.其他投資

基金、壽險現金解約價值、不動產投資等。

（二）評價

投資在分類後，可再依據其不同的個別情況去適用不同的評價方法，包含：

1. 權益證券投資，其具有控制力下，代表持有被投資公司普通股股權比例為50%以上，依據國際財務報導準則第3號「企業合併」所規範之範圍，適用評價的方法為編制合併報表及使用權益法。

2. 權益證券投資，其不具有控制力但具有重大影響力下，代表持有被投資公司普通股股權比例為20%~50%，依據國際會計準則第28號「投資關聯企業」所規範，適用評價的方法為權益法。

3. 權益證券投資，其無影響力但有活絡市場，代表持有被投資公司普通股股權比例為20%以下，其方法有兩種分別是採用公允價值法，(1)且公允價值變動列入損益與列入其他綜合損益。當採用公允價值法衡量且公允價值變動列入損益，則適用評價的方法為公允價值法，且金融資產的市價變動列入損益表；(2)而當採用公允價值法衡量且公允價值變動列入其他綜合損益，則適用評價的方法為公允價值法，且金融資產的市價變動列為其他綜合淨利。

4. 權益證券投資，其無影響力且無活絡市場，則適用評價的方法為成本法。

5. 債務證券投資，以公允價值衡量且公允價值變動認列為損益之金融資產，則適用評價的方法為公允價值法，且金融資產的市價變動列入損益表中。

6. 債務證券投資，以攤銷後成本衡量，則適用評價的方法為攤銷後成本法，金融資產的市價變動不用認列。

7. 放款及應收帳款，其無活絡市場，則適用評價的方法為攤銷後成本法。

投資的分類與評價

投資的分類

投資分類

債務證券

權益證券

投資的分類

	情形	作法
權益證券投資	具有控制力(>50%)	採用權益法並編制合併報表
	不具有控制力,但有重大影響力(20%~50%)	採用權益法但不編制合併報表
	無影響力但具有活絡市場(<20%)	可採用以下兩法之一: 1. 採用公允價值法衡量且公允價值變動列入損益,金融資產的市價變動列入損益表。 2. 採用公允價值法衡量且公允價值變動列入其他綜合損益,金融資產的市價變動列為其他綜合淨利。
	無影響力且無活絡市場	採成本法
債務證券投資	以公允價值衡量	公允價值變動認列為損益之金融資產,金融資產的市價變動列入損益表中。
	以攤銷後成本衡量	評價的方法為攤銷後成本法,金融資產的市價變動不用認列。
放款及應收帳款	無活絡市場	評價的方法為攤銷後成本法。

Unit 5-7
證券投資的評價及分析 Part 2

圖解財務報表分析

一、投資的分類與評價（續）

此外由於實質控制權的觀念，因此採用上述會計處理時，應考慮下列幾種較為特殊的情況：

1. 投資公司持有被投資公司之股份未達20%，亦即無重大影響力，但有明確證據顯示投資公司具有重大影響力時，仍應採取權益法。
2. 投資公司持有被投資公司之股份雖達20%以上，但有明確證據顯示投資公司並不具有重大影響力時，此時不應採用權益法。
3. 投資公司持有被投資公司之股份雖未達50%以上，但有明確證據顯示投資公司具備實質控制能力時，此時應採取權益法編制合併報表。

實質控制能力包含：
1. 投資公司與其他投資人約定下，合計具有超過半數表決權之權力。
2. 依法令或契約約定，具有主導該公司之財務及營運政策之權力。
3. 具有掌握董事會或類似治理單位之會議大多數表決權，且由該董事會或類似治理單位控制該公司。
4. 具備任免董事會或治理單位大多數成員之權力，且由該董事會或治理單位控制該公司。

070

二、債務證券投資之會計處理

（一）公允價值衡量且公允價值變動計入損益

取得時以購買成本為總成本入帳，交易成本當成費用來入帳，收到利息時認列為利息收入，不必攤銷溢（折）價。期末時按市價法評價，以公允價值衡量且公允價值變動計入損益之債券投資總成本與市價相比較，若總市價低於成本時，應認列金融資產公允價值變動損失，直接貸記「以公允價值衡量且公允價值變動計入損益之金融資產」；反之，若總市價高於成本時，應認列金融資產公允價值變動利益，借記「以公允價值衡量且公允價值變動計入損益之金融資產」。金融資產公允價值變動利益或損失應列入損益表內，營業外損益項下，以公允價值衡量且公允價值變動計入損益之金融資產列於資產負債表中之流動資產。

（二）以攤銷後成本衡量

取得時按購買價格及交易成本為總成本入帳，持有期間收取利息時，按利息法攤銷溢（折）價，調整投資之帳面價值與利息收入。期末按攤銷後成本評價，不用考慮市價變動。以攤銷後成本衡量之債券投資，列於資產負債表之非流動資產項下。

合併報表的編制基本原則

(1)檢查並調整母、子公司會計報表中可能存在的誤差和遺漏。

(2)抵銷企業集團內部交易的未實現損益。

(3)抵銷子公司因實現淨利潤而提取的法定盈餘公積、法定公積和任意盈餘公積。

(4)抵銷母公司從子公司取得的投資收益和收到的股利，並將母公司對子公司股權投資帳戶餘額調整至期初數額。

(5)抵銷年初母公司對於子公司股權投資帳戶和子公司所有者權益各帳戶的餘額，並將兩者的差額確認為合併價差；若有非控股權益，還要確認相應部分的非控制股東權益。

(6)將合併價差分解為子公司淨資產公允價值與帳面價值的差額和商譽，併在其有效年限內加以分配和攤銷。

(7)若有非控股權益，在合併工作底稿上確立當年屬於非控制股東的子公司淨利潤，應相應增加非控股權益。

(8)抵銷母、子公司間的應收應付等往來項目。

	交易成本之處理	資產之分類	折（溢）價之攤銷	期末市價變動
公允價值衡量且公允價值變動計入損益（營業外損益）	費用化	流動資產	不攤銷	總市價高於成本時，應認列金融資產公允價值變動利益，直接借記金融資產科目。
				若總市價低於成本時，應認列金融資產公允價值變動損失，直接貸記金融資產科目。
以攤銷後成本衡量	計入成本	非流動資產	按利息法攤銷溢（折）價，調整投資之帳面價值與利息收入。	不考慮

Unit 5-8

證券投資的評價及分析 Part 3

（三）原始指定公允價值變動列入損益

其會計處理方法與以公允價值衡量，且公允價值變動計入損益之債券投資相同，僅需將科目更改為「指定公允價值變動列入損益之金融資產」。指定公允價值變動列入損益之金融資產，列為資產負債表中之流動資產項下。

（四）無活絡市場

其會計處理方法與以攤銷後成本衡量之債券投資一致，僅需將科目更改為「無活絡市場之債券投資」。無活絡市場之債券投資，列為資產負債表中之非流動資產，到期前一年再轉列為流動資產。

三、權益證券投資的會計處理

（一）以公允價值衡量且公允價值變動計入損益

取得時按購買成本入帳，收到現金股利時認列為股利收入。期末需依據市價作出調整，若市價高於成本，借記以公允價值衡量且公允價值變動計入損益之金融資產，貸記金融資產公允價值變動利益；若市價低於成本，則借記金融資產公允價值變動損失，貸記以公允價值衡量且公允價值變動計入損益之金融資產。金融資產公允價值變動利益或損失應列入損益表內，營業外損益項下，以公允價值衡量且公允價值變動計入損益之金融資產列於資產負債表中之流動資產。

（二）以公允價值衡量且公允價值變動計入其他綜合損益

基本會計處理方法同上，只有兩個地方不同，其一收到屬於清算股利性質之現金股利時，應貸記以公允價值衡量且公允價值變動計入其他綜合損益之金融資產；其二，交易成本計入投資成本中。期末需依據市價作出調整，差額部分直接調整該金融資產科目，並認列為其他綜合損益。其他綜合損益——金融資產公允價值變動應列入綜合損益表中，以公允價值衡量且公允價值變動計入綜合損益之金融資產，則應列入資產負債表之流動資產項下。

（三）無活絡市場

其採用之評價方法為成本法，被投資公司宣布淨利時無分錄，收到現金股利時，於除息日借記應收股利，貸記股利收入，而後在發放日時，再借記現金，貸記應收股利。無活絡市場之權益證券投資，列為資產負債表中之非流動資產項下。

	收到現金股利	交易成本	市價變動處理	資產之分類
公允價值變動計入損益	認列為股利收入	費用化	與期末市價之差額直接增減該金融資產科目，並認列為當期損益。	流動資產項下
公允價值變動計入其他綜合損益	需驗證是否為清算股利，若是，則應貸記減少金融資產科目，視為投資成本之回收。	計入投資成本中	與期末市價之差額直接增減該金融資產科目，並認列為其他綜合損益。	

衍生性金融商品

指其價值依賴於標的資產（Underlying Asset）價值變動的合約。這種合約可以是標準化的，也可以是非標準化的。標準化合約是指其標的資產的交易價格、交易時間、資產特徵、交易方式等都是事先標準化的，因此此類合約大多在交易所上市交易，如期貨。非標準化合約是指以上各項由交易的雙方自行約定，因此具有很強的靈活性，譬如遠期合約。

依產品形態分類	意義
遠期合約 (Forwards)	指合約雙方同意在未來日期按照固定價格交換金融資產的合約，承諾以當前約定的條件在未來進行交易的合約，會指明買賣的商品或金融工具種類、價格及交割結算的日期。
期貨 (Futures)	買賣雙方透過簽訂標準化合約（期貨合約），同意按指定的時間、價格與其他交易條件，交收指定數量的現貨。通常期貨集中在期貨交易所進行買賣。
選擇權 (Option)	是指一種能在未來某特定時間，以特定價格買入或賣出一定數量的某種特定商品的權利，給予買方（或持有者）購買或出售標的資產的權利。期權的持有者可以在該項期權規定的時間內選擇買或不買、賣或不賣的權利。
互換 (Swaps)	雙方商定在一段時間內，彼此相互交換現金的金融交易。包含利率互換、貨幣互換、商品互換或其他類型。

Unit **5-9**
非流動資產的分析及評價 Part 1

　　企業的非流動資產不是為了出售而持有，而是為了供營業使用。非流動資產包括三類：(1) 有形的固定資產：如財產、廠房及設備、遞耗性資產等。(2) 無形資產：如專利權、商標權、著作權等。(3) 商譽。

一、資本化決策

　　取得廠房應以所支付的成本為入帳基礎。所謂成本是指使廠房設備達到可供使用狀態之一切必要的支出。廠房設備資產之入帳基礎，雖以成本為原則，但並非所有支出之成本均作為資產。因此，資本支出與收益支出應加以劃分，凡支出所取得之資產或勞務，其經濟效益及於本期以後者，為資本支出，應列為資產；如僅及於本期者，為收益支出，應列為當期費用。而將支出列為資產者，稱為資本化。

　　在資本化的年度，公司資產總額較費用化的情況高，且其純益也較費用化的情況增加。但隨著資產折舊提列轉為費用，費用化的公司其純益反而增加。就盈餘的變動來說，將支出直接認列為費用，盈餘的變動較大；若將支出資本化，隨著資產使用年限，逐期提列折舊有系統的分攤到損益中，其盈餘波動較緩和。

二、折舊政策及成本分攤

　　折舊是指廠房及設備資產已耗成本的分攤。也就是說折舊是成本分攤的程序，而不是一個評價的過程。折舊的提列並不能反映市價，不產生任何資金，也不影響任何一個企業的現金流量。折舊唯一能夠影響現金流量的，為透過所得稅的節省而減少現金流出，因為折舊可以當費用減除。

　　每期的折舊計算，決定於成本、估計殘值、估計耐用年限及折舊方法的選擇，其中折舊方法的選擇，對於財務報表的影響是不同的。一般常用的折舊方法，可分為以時間為基礎及以服務量為基礎。

（一）以時間為基礎

　　可再細分為直線法（Straight-line Method）及加速折舊法，其中加速折舊法可再分為年數合計法、定率遞減法（Fixed-Percentage-on-Declining-Base Method）及倍數餘額遞減法（Double Declining Balance Method）。

1.直線法：乃是將折舊成本平均分攤於使用年限，每年的折舊費用都相等，又稱為平均法。

（成本 － 殘值）÷ 耐用年限 ＝ 每年折舊額

資本化之條件

1. 資產支出已經發生

- 指企業購買或建造固定資產的支出已經發生，包括支付現金、轉移其他資產或者承擔附利息之債務。

2. 借款費用已經發生

- 指已經發生因購建固定資產而專門借入款項的利息、折價或溢價的攤銷、輔助費用或匯兌差額。

3. 為使資產達到預定可使用狀態所必要的購建活動已經開始

- 「為使資產達到預定可使用狀態所必要的購建活動」主要是指資產的實體建造工作，例如主體設備的安裝、廠房的實際建造等。

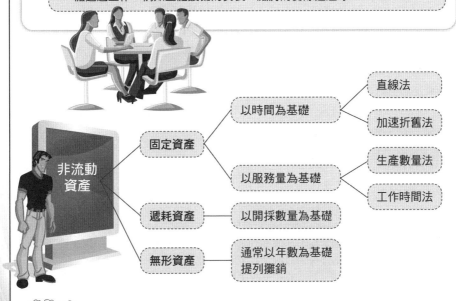

		直線法
	以時間為基礎	
		加速折舊法
固定資產		
		生產數量法
	以服務量為基礎	
非流動資產		工作時間法
遞耗資產	以開採數量為基礎	
無形資產	通常以年數為基礎提列攤銷	

知識補充站　代出售非流動資產

在資產分類為代出售非流動資產後，則不能與非流動資產一樣繼續提列折舊，其分類時必須先將其帳面價值與淨公允價值取低，並於資產負債表中單獨列示為「流動資產」，而若處分群組中有負債項目，則應單獨列示為流動負債。

Unit **5-10**
非流動資產的分析及評價 Part 2

2.加速折舊法：乃是費用逐年遞減，在折舊早期有較高的折舊費用，後期的折舊費用較低。包含以下方法：

1. 年數合計法。
2. 定率遞減法。
3. 倍數餘額遞減法。

（二）以服務量為基礎

主要以工作小時或單位產量為計算折舊的單位，包含以下方法：

1. 工作時間法。
2. 生產數量法。

折舊的方法對損益表及資產負債表皆有影響，採用的折舊方法會影響盈餘的趨勢，假若是採用直線法，其每年對盈餘的影響是一樣的，盈餘變動較平緩。在加速折舊法下，會使得盈餘在早期較低，晚期盈餘較高。同時折舊的多寡也會影響報稅，就加速折舊法之下，早期較能節省較多的所得稅。

遞耗資產

指能較長期使用，其價值逐漸損耗而遞減的資產。即通過開採、採伐、利用而逐漸耗竭，以致無法恢復或難以恢復、更新或按原樣重置的資源，一般多指自然資源如礦藏、油田、森林等，隨著採掘或採伐，其蘊藏量逐漸消耗，其價值也隨著資源儲存量的消耗而減少。這些資產的特點為經採伐而減少。因此這些資產在開採前，在資產負債表上列為長期資產。資產中的遞耗資產，開採後則轉為流動資產中的存貨。

遞耗資產之折耗

遞耗資產成本隨著資源的逐漸消耗而應予轉銷的部分稱為折耗。折耗只在採掘、採伐等工作進行之時才發生，是自然資源實體的直接消蝕。而折舊指的不是固定資產實體的耗減，而是因磨損引起的價值的減少。折耗通常是用遞耗資產估計的可供開採數量如噸、桶、千米（或千英尺）等去除折耗的基數，以算出單位產品的折耗費用，然後用各該期開採的產品數量去乘這項單位費用，以求得每期的應計折耗費用。

加速折舊法之公式

年數合計法：

$$（成本－殘值）× \frac{(耐用年限－第t期＋1)}{[耐用年限×(耐用年限＋1)]／2} = 第t期的折舊$$

定率遞減法：

$$期初帳面價值 × （1 - \sqrt[n]{\frac{殘值}{成本}}） = 當年度的折舊$$

公式中的殘值不能為零，如無殘值，則殘值代1計算。

倍數餘額遞減法：

$$期初帳面價值 × \frac{2}{n} = 當年度的折舊$$

服務量為基礎折舊方法之公式

工作時間法：

$$\frac{成本－殘值}{估計總工作小時} × 當年度實際工作小時 = 當年度的折舊$$

生產數量法：

$$\frac{成本－殘值}{估計總生產數量} × 當年度生產量 = 當年度的折舊$$

知識補充站

非流動資產的減損

在持有非流動資產的期間，資產的公允價值會隨著時間或市場起伏，一般而言在時間的流逝下，資產的價值會持續的折舊，亦有可能因市場波動而使得公允價值快速下跌，此時公司則需對資產提列減損損失，而非以折舊之方式對資產進行評價。

Unit **5-11**
無形資產

　　無形資產是指可為企業帶來長期利益，但不具有實體存在，無形資產具有下列的特徵：1. 不具有實際的形體，效益年限不容易估計。2. 價值常受競爭情況影響而有巨幅波動。3. 未來經濟效益不確定性很高。4. 有些無形資產對某特定企業有價值。5. 具有可辨認性之非貨幣性資產。6. 可被企業所控制，亦即企業必須有能力獲取經濟資源的效益，並排除他人使用該效益。

　　依據國際會計準則第38號「無形資產」規定，無形資產的特性需具備可辨認性，亦即其價值或成本可以個別辨認，企業可以自行發展或向外購入，其資產均應按成本入帳。例如：專利權、商標權、版權、特許權與租賃權益及改良等。而不能明確辨認的商譽，則不列為無形資產。

（一）研究發展成本

　　企業應將研究發展成本分類為研究階段及發展階段，若無法劃分者，應視為研究階段支出，研究階段的支出列為當期費用，發展階段的支出原則上列為當期費用，例外情況則是符合外部取得無形資產的條件且還符合以下條件，則可列為無形資產，包括：

　　1. 已達到技術可行性。

　　2. 有意圖完成該無形資產，並且加以使用或者出售。

　　3. 無形資產很有可能產生未來經濟效益。

　　4. 有能力使用或出售該無形資產。

　　5. 具有充足的技術、財務及其他資源，用以完成此項發展專案計畫。

　　6. 發展階段歸屬於無形資產之支出能可靠衡量。

　　而專用於研究發展的材料、設備、購買之無形資產、人事費用，均列為當期費用。若材料可用於其他研究計畫，則列為存貨，耗用時轉銷為費用。設備或無形資產若能運用在其他研究計畫者，應列為設備資產或無形資產，並在使用期間提列折舊或攤銷。人事費用一律列為費用。

（二）開發電腦軟體成本

　　開發電腦軟體會經歷投入研究、建立技術可行性、產品母版完成及開始對外發售。從投入研究到建立技術可行性時，所有的支出均列為當期的研究發展費用。從建立技術可行性到產品母版完成，支出應列為資產，並在效益期間內攤銷，而攤銷金額是以收益百分比法與直接法的攤銷金額中取較高者。從產品母版完成到開始對外發售，應將軟體複製成本列為存貨成本。

國際會計準則對研發成本規定之優點

1 .符合真實性原則

- 將資本化的開發費用列入帳簿，並在資產負債表中列報，可以使會計信息使用者瞭解企業在研發方面的投資力度及研發項目預期收益等真實信息，客觀地反映了企業的財務狀況，有利於投資者做出恰當的投資決策。

2. 體現謹慎性原則

- 將企業的研發活動分為研究和開發兩個階段。開發活動的實質在於它是在研究成果的基礎上進行的，經過可行性分析，能夠確定為企業帶來經濟利益，當這種經濟利益可以可靠計量時，就可以確認為一項資產。這種做法充分考慮了研發投資活動的風險性，體現了謹慎性原則。

3. 有利於克服企業的短期行為，增強企業競爭力

- 將開發費用支出資本化，可避免將研發費用全部費用化而導致的企業經營業績減少的現象。這樣，經營者才有積極性通過新產品開發和舊產品的升級汰換，來保持企業的競爭優勢。

4. 遵循配合原則

- 成功的研究和開發項目在授予專利權、商標權等後，往往會持續若干會計期間為企業帶來收益。而將開發支出作為企業自創無形資產的帳面價值，在未來收益期間分期攤銷，恰好體現了收入與支出相配合的原則。

研發開始　→　費用化　→　建立技術可行性　→　• 列為無形資產 • 分年攤銷　→　產品母版製作　→　• 列為存貨

Unit **5-12**
投資活動現金流量

　　投資活動是指與營業損益無關的資產項目變動的現金流量，包括承作與收回貨款，取得與處分非營業活動所產生之債權憑證、權益證券、固定資產、天然資源、無形資產及其他投資等。投資活動所產生現金收取總額及現金支付總額原則上應予以分別報導，少數以淨額報導。

（一）投資活動的現金流入

　　通常包括：

1. 收回貨款及處分約當現金以外的債權憑證所得的價款。
2. 出售權益證券的價款。
3. 處分固定資產、天然資源、無形資產及其他投資的價款，但非企業例行性之出售。

（二）投資活動的現金流出

　　通常包括：

1. 承作貸款或取得約當現金以外的債權憑證。
2. 購買權益證券的成本。
3. 購買固定資產、天然資源、無形資產及其他投資的成本。
4. 資本化之利息。

　　現金流量表中的營業活動可以直接法或間接法表達，但不論營業活動部分採用直接法或間接法表達，現金流量表中的投資活動及籌資活動皆不受影響。

小博士解說

現金流量表編制之基本原則

　　現金流量表以現金及約當現金為編制基礎、以現金流量總額報導為基本原則，以現金流量淨額報導為例外。

　　所謂約當現金是指同時具備下列條件的短期且具有高度流動性的投資，包含：

1. 隨時可以轉換成定額現金者。
2. 即將到期並且利率的變動對其價值的影響極微小。

　　根據國際會計準則第7號「現金流量表」中規定，若銀行透支可隨時償還，視為企業整體現金管理的一部分，此情況下，銀行透支應包含在現金及約當現金的組成部分中。

投資活動現金流量項目

1. 「收回投資所收到的現金」項目

反映企業出售、轉讓或到期收回除了現金等價物以外的短期投資、長期股權投資而收到的現金，以及收回長期債權投資本金而收到的現金。

2. 「取得投資收益所收到的現金」項目

反映企業因各種投資而分得的現金股利、利潤、利息等。

3. 「處置固定資產、無形資產和其他長期資產而收到的現金淨額」項目

反映企業處置固定資產、無形資產和其他長期資產所取得的現金，扣除為處置這些資產而支付的有關費用後的淨額。

4. 「收到的其他與投資活動有關的現金」項目

反映企業除了上述各項以外，收到的其他與投資活動有關的現金流入。

5. 「購建固定資產、無形資產和其他長期資產所支付的現金」項目

反映企業購買、建造固定資產，取得無形資產和其他長期資產所支付的現金，不包括為購建固定資產而發生的借款利息資本化的部分，以及融資藉融資而租入固定資產所支付的租賃費，借款利息在籌資活動產生的現金流量中單獨反映。

6. 「投資所支付的現金」項目

反映企業進行各種性質的投資所支付的現金，包括企業取得的除現金等價物以外的短期股票投資、長期股權投資支付的現金、長期債券投資支付的現金，以及支付的佣金、手續費等附加費用。

7. 「支付的其他與投資活動有關的現金」項目

反映企業除了上述各項以外，支付的其他與投資活動有關的現金流量。

投資活動現金流量項目

現金流量小於或等於零

這種我們不能武斷地認為是好還是壞，應該觀察這個特徵是否符合企業的發展階段，是否與企業的發展戰略和發展方向一致，關注投資活動的現金流出量與企業投資計畫的吻合程度。

現金流量大於零

這種情形可能出於兩種原因：一是企業的投資回收之資金大於投資的現金流出，二是由於企業迫於資金壓力，處分使用中的固定資產或者持有的長期投資等。分析時應加以區分，找到真正的原因。

第 6 章

籌資活動

●●●●●●●●●●●●●●●●●●●●●●●● 章節體系架構 ▼

Unit **6-1**
流動負債

一、常見之流動負債

　　所謂流動負債是指到期日在一年或一個營業週期以內之流動資產，或以其他流動負債償還之負債，通常因籌資活動而產生的流動負債，包括短期借款及長期負債一年內到期的部分。

　　理論上所有負債，不論短期或長期，均以現值評價，但實務上，流動負債通常是按到期值入帳，這是基於穩健原則及重要性原則，因為流動負債的清償期間短，且其現值與到期值差異不大，故這種方法是可以接受的。

　　流動負債主要包括短期借款、應付票據、應付帳款、預收帳款、應付工資、應付福利費、應付股利、應付稅金、其他暫收應付款項、預提費用和一年內到期的長期借款等。

　　其典型的組成有短期銀行借款，例如銀行透支（Bank Overdraft）、應付商業本票、應付票據、應付帳款、應付費用。長期借款於一年到期的部分，付給債權人（Creditors）的款項，以資金的觀點，可將其分為兩類，一為非自發性的籌資，如應付票據、應付帳款、應付費用，這些都是營運上自然產生的企業付款義務，大多數情況企業針對這類籌資是不需額外支付利息，其中應付票據與應付帳款為供應商的融通，而應付費用如應付薪資、應付租金、應付利息，則是企業對於取得資產或享受服務而產生的未來支付義務；另外一類則為自發性的籌資，如銀行借款、應付商業本票，這些都是企業為籌措資金而主動取得，其特性為支應短期的資金需求，這類籌資是需要支付資金成本（利息）。長期借款將於一年內到期的部分，也應轉列為流動負債。

二、流動負債之分辨

　　1. 符合流動負債的定義。

　　2. 有負債的一般特徵：

　　　(1) 是過去或現在已經完成的經濟活動所形成的現時債務責任。

　　　(2) 必須是能夠用貨幣確切地計量或合理地估計的債務責任。

　　　(3) 是必須在未來用資產或勞務來償付的確實存在的債務。

　　　(4) 一般應有確切的債權人和償付日期，或者債權人和償付日期可以合理地估計確定。

流動負債之分類

分類的依據	流動負債分類的結果	
流動負債的來源和性質	籌資活動形成的流動負債	如短期借款等。
	營業活動形成的流動負債	如應付帳款、應付票據、預收帳款、應付工資、應付福利費、應交稅金等。
	收益分配形成的流動負債	如應付利潤等。
流動負債應付金額的確定程度	應付金額確定的流動負債	如短期借款、應付帳款、應付票據、預收帳款、應付工資、其他應付帳款等。
	應付金額視經營情況而定的流動負債	如應交所得稅、應付利潤等。
	應付金額需要合理估計的流動負債	如預提費用、實行售後服務所產生的產品質量擔保債務等。
	或有負債	如未決訴訟、應收票據貼現、信用擔保等；這種負債的存在與否、金額、受款人、償付日期，主要取決於有關的未來事件是否發生，因而具有較大的不確定性。

流動負債之分辨

符合流動負債的定義

有負債的一般特徵

(1)是過去或現在已經完成的經濟活動所形成的現時債務責任。

(2)必須是能夠用貨幣確切地計畫或合理地估計的債務責任。

(3)是必須在未來用資產或勞務來償付的確實存在的債務。

(4)一般應有確切的債權人和償付日期，或者債權人和償付日期可以合理地估計確定。

085

Unit **6-2**
長期負債 Part 1

　　長期負債是指不需在一年或一營業週期內動用流動資金以償付的負債，皆屬於長期負債。常見的長期負債有應付公司債、長期應付票據、長期銀行借款、長期租賃負債等，皆是來自企業的籌資活動。以下我們介紹應付公司債、長期應付票據及可轉換公司債。

一、應付公司債

　　公司債是指發行公司約定一定日期支付一定的本金，及按期支付一定之利息給投資人的書面承諾。公司債是公司資產負債表上最常見的長期負債，是企業長期籌資的主要方法之一。債券上會載明發行日期、金額、利率、付息日及到期日等。債券上所載的利率稱為票面利率，又稱為名義利率。投資人所願意接受的投資報酬率，稱為有效利率或市場利率。

（一）公司債的發行

　　公司債發行價格乃為其所支付之本息按市場有效利率所折算的現值，當有效利率等於票面利率時，其現值等於面額，該債券可按面額出售，稱為平價發行。當有效利率大於票面利率時，則現值小於面額，其差額稱為折價，此時債券會以低於面額的價格出售，稱為折價發行。當有效利率小於票面利率時，其現值大於面額，其差額稱為溢價，此時債券會以高於面額的價格出售，稱為溢價發行。而公司債的折價或溢價應於公司債存續期間攤銷。當公司債不是以面額發行時，其利息費用與支付利息的關係如下：

利息費用＝支付利息＋折價攤銷 或 利息費用＝支付利息－溢價攤銷

　　利息計算方法可分為 1.利息法與 2.直線法兩種，由於計算利息費用的方式不同，其利息費用會有所不同，其對財務報表的影響也不同。當這兩種方法所計算每年利息費用存有重大的差異時，尤其當公司債發行期限愈長，或溢（折）價金額愈大時，直線法與利息法所攤銷的結果差異會愈大，此時應採用利息法來進行溢（折）價攤銷。

　　公司債債務解除，可分為到期收回、提前收回及轉換為普通股。到期收回時，公司債之溢（折）價已全部攤銷，此時應沖銷公司債面額。若為提前清償的情況下，需先認列上次付息日到收回日這之間的應付利息，並攤銷該段期間的溢（折）價，以決定收回時公司債的帳面價值，並就收回價格與公司債帳面價值之差額認列公司債收回損益，由於債務的清償或消滅的主動權在發行公司，為了防止操縱損益，提前清償公司債的損益應列入非常損益項目。若轉換為特別股，若轉換日非付息日，需先做必要的調整，並決定轉換時公司債的帳面價值，及決定普通股的入帳金額，並採用面額法或市價法進行轉換。

公司債之分類

分類標準	名稱	定義
按是否記名	記名公司債	券面上登記持有人姓名，領取本息要憑印鑑領取，轉讓時必須背書併到債券發行公司登記的公司債券。
	不記名公司債	券面上不需載明持有人姓名，還本付息及流通轉讓僅以債券為憑，不需登記。
按持有人是否參加公司利潤分配	參加公司債	指除了可按預先約定獲得利息收入外，還可在一定程度上參加公司利潤分配的公司債券。
	非參加公司債	指持有人只能按照事先約定的利率獲得利息的公司債券。
按是否可提前贖回	可提前贖回公司債	即發行者可在債券到期前購回其發行的全部或部分債券。
	不可提前贖回公司債	即只能一次到期還本付息的公司債券。
按發行債券的目的	普通公司債	即以固定利率、固定期限為特徵的公司債券，這是公司債券的主要形式。
	改組公司債	是為清理公司債務而發行的債券，也稱為以新換舊債券。
	利息公司債	也稱為調整公司債券，是指面臨債務信用危機的公司經債權人同意而發行的較低利率的新債券，用以換回原來發行較高利率的債券。
	延期公司債	指公司在已發行債券到期無力支付，又不能發新債還舊債的情況下，在徵得債權人同意後可延長償還期限的公司債券。
按發行人是否給予持有人選擇權	附選擇權的公司債	指在一些公司債券的發行中，發行人給予持有人一定的選擇權，如可轉換公司債券（附有可轉換為普通股的選擇權）、有認股權證的公司債券和可退還公司債券（附有持有人在債券到期前可將其回售給發行人的選擇權）。
	未附選擇權的公司債	即債券發行人未給予持有人上述選擇權的公司債券。

圖解財務報表分析

Unit **6-3**
長期負債 Part 2

（二）應付公司債的會計處理

公司債的攤銷方式有兩種：利息法與直線法。

在利息法下，由於債券是以有效利率折算本金及各期利息的現值之和，故每期利息應反映此一有效利率。也就是說，每期利息費用等於該期期初債券帳面價值乘以有效利率。而利息費用與實際支付利息之差額為溢（折）價攤銷數額。以此種方式攤銷，每期之利率均相等，稱為利息法。而在直線法下，攤銷是根據溢（折）價總額平均分攤在各付息期間，亦即每期溢（折）價攤銷數額均相同。

由於計算利息費用的方式不同，其利息費用會有所不同，其對財務報表的影響也不同。利息法在早期的利息費用低於直線法的利息費用，於後期利息法下的利息費用高於直線法下的利息費用。

二、長期應付票據

長期應付票據性質與公司債很類似，兩者均有固定的到期日，為企業長期籌資的工具之一。長期應付票據應以未來利息及本金現金流量之現值來評價，其所產生的折價或溢價，應於票據存續期間攤銷。

三、可轉換公司債

公司有時發行公司債，規定債券持有人於一定期間之後，得按一定之轉換比率或轉換價格，將公司債轉換成發行公司之股票，此種公司債稱為可轉換公司債。轉換公司債有兩種方法，一種是認為轉換權利是有價值的，能使同一票面利率的債券以較高的價格出售，或降低票面利率而依相同價格出售。此一轉換價值屬於普通股的價值，故應列為資本公積。另一種方法是將全部發行價格作為公司債的售價，不認列轉換權益的價值，我國財務會計準則第21號規定，應將全部發行價格作為負債入帳，不得分攤一部分至轉換權利價值。

轉換時，有兩種方式可以進行轉換。若採用面額法處理，普通股入帳金額為公司債的帳面價值，轉換損益為零。若按市價法處理，則以普通股公平市價作為普通股入帳金額，並就普通股公平市價與公司債帳面價值的差額認列轉換損益。

台積電自2012年來，屢屢藉由發行公司債的形式籌措資金，而非透過股票市場。參考2012年台積電公司債得標利率僅1.23%，較市場預估的1.25%，低了0.02個百分點。當景氣低迷，股票市場籌資的難度增加；台積電依其穩定且亮眼的營收與體質吸引投資人犧牲利率，以獲得較低的資金成本。

公司債的會計處理釋例

假設大有公司於2010年1月1日發行面額$100,000，三年到期，利率為10%，每年12月31日付息的公司債，按有效利率12%發售，則：

公司債現值為＝$100,000×0.71178＋$10,000×2.401831
　　　　　　＝$95,196
公司債折價＝$100,000－$95,196＝$4,804

此時發行公司債時的會計處理為

公司債折價攤銷表 利息法			
日期	現金	利息費用	公司債折價	帳面價值
10/01/01				$ 95,196
10/12/31	$ 10,000	$ 11,424	$ 1,424	96,620
11/12/31	$ 10,000	11,594	1,594	98,214
12/12/31	$ 10,000	11,786	1,786	100,000

若為直線法，公司每年的折價金額及利息費用如下：

每年攤銷的折價金額＝$4,804÷3＝$1,601
每年的利息費用＝$10,000＋$1,601＝$11,601

可轉換公司債的會計處理釋例

假設安和公司於2010年1月1日發行$200,000公司債，票面利率10%，五年到期，每年年底付息，該公司債有轉換權利，規定發行後二年，可以按每$1,000面值轉換該公司普通股100股，每股面值$10，當時實際售價為$215,971，故發行時的分錄如下：

現金　　　　215,971
　公司債溢價　　　　15,971
　應付公司債　　　　200,000

	轉換分錄		說明
面額法	應付公司債　　　200,000 應付公司債溢價　　10,309 　普通股 　資本公積－普通股溢價	 200,000 10,309	普通股入帳金額為公司債的帳面價值，轉換損益為零。
市價法	應付公司債　　　200,000 應付公司債溢價　　10,309 轉換損失　　　　89,691 　普通股 　資本公積－普通股溢價	 200,000 100,000	以普通股公平市價作為普通股入帳金額，並就普通股公平市價與公司債帳面價值的差額認列轉換損益。

Unit 6-4
長期負債 Part 3

四、或有事項相關定義

負債準備為不確定時點或金額之負債。負債準備僅於符合下列所有情況時,始應認列:

1. 企業因過去事件而負有現時義務(法定義務或推定義務)。

2. 很有可能(亦即,可能性大於不可能性)需要流出具經濟效益之資源,以清償該義務。

3. 該義務之金額能可靠估計。本準則特別提到僅於極罕見之情況下,始無法可靠估計。

或有負債定義為:

1. 因過去事件所產生之可能義務,其存在與否僅能由一個或多個未能完全由企業所控制之不確定未來事件之發生或不發生加以證實。常見之例子為企業依循法律程序求償,而其結果不確定。

2. 因過去事件所產生之現時義務,但因下列之原因而未予以認列:

   (1) 並非很有可能需要流出具經濟效益之資源以清償該義務;或

   (2) 該義務之金額無法充分可靠地衡量。

090

小博士解說

台灣國際造船股份有限公司(以下簡稱台船)因核四進度延宕,而拖欠下游包商工程款。台船於2009年3月2日向行政院公共工程委員會申請調解,請求台電公司給付分包商因工期展延所增加之維護保養費用、物價指數、金屬材料價格、人事費用四項成本,分包商亦參加上開調解程序。經工程會調解委員建議台船與台電公司應繼續協商,本公司乃於2010年1月8日撤回調解申請並與台電公司續行協商。調解後分包商逕向中華民國仲裁協會提起仲裁,台船基於向台灣電力公司之求償程序結果未卜,且下游包商於提起仲裁前未依合約先向工程會申請調解;因此台船是否可能遭受損失仍無定論,依國際會計準則之規定,或有事項指因為下列情況,而未被認列的現存債務:(1) 必須透過經濟效益流出來清償債務之可能性不太高(not probable);或 (2) 金額無法被可靠衡量,故並未就此或有事項估列損失。

期後事項(Subsequent Events)

　　期後事項是指會計報表日與審計外勤工作結束日期間發生的，以及審計外勤工作結束日到會計報表公布日發生的，對會計報表產生影響的事項。

　　期後事項很可能影響審計人員對被審計單位的審計意見，所以審計人員必須對期後事項予以充分關注。

　　期後事項包括對會計報表有直接影響需調整的事項和對會計報表沒有直接影響但應予以揭露的事項，期後事項的審核應在整個審計工作即將結束前完成。

定義

準備 (Provision)

1. 發生時點或金額不確定之負債。
2. 企業因過去發生的事件而產生現存義務，當該義務很有可能使企業為了履行義務而造成具有經濟效益的資源流出，且與義務相關之金額能可靠估計時，應予以認列。

或有負債 (Contingent liability)

1. 因過去發生的事件而產生可能的義務，且該義務是否存在，將取決於不確定的未來事件發生與否，而企業不完全能控制未來事件是否會發生。
2. 無需入帳，但依發生可能性而有不同的揭露標準。

或有資產 (Contingent Asset)

1. 因過去發生的事件而產生可能實現的資產，且其存在性將取決於未來事件發生與否，而企業不完全能控制未來事件是否會發生。
2. 在或有資產實際確定可實現時，宜認列為資產。
3. 當經濟效益很有可能流入時，應予以揭露。

虧損性合約 (Onerous Contract)

1. 為了履行合約規定下的義務，而產生不可避免的成本超過預計因該合約可收取之經濟效益。
2. 應認列為準備。

091

項目	國際財務報導準則 IAS37 之規定
或有負債之定義	依 IAS37 將或有負債定義為不得入帳之負債。
負債準備 (Provision)	IAS37 將很有可能(i.e. more likely than not)發生，且金額可合理估計之負債稱為Provision。
或有損失之估列－折現	受貨幣時間價值影響重大之負債準備必須折現。
或有損失之估列	係預期值之概念，應當考慮各種情況發生的可能性予以加權平均計算。如果各種可能的情況是一連續區間，且各種可能發生的可能性相同時，採用中間值予以認列。

Unit 6-5
長期負債 Part 4

圖解財務報表分析

五、租賃

租賃是指當事人之一方將資產交付他方在一定期間使用收益，而他方則承諾支付一定租金的交易行為。這種交易的合約即稱為租賃。

（一）資本租賃與營業租賃的認列條件

根據 IAS17 的規定，對承租人而言，凡租約合乎下列五點中的任何一點者，即為籌資租賃，即應將租金資本化。其判斷依據如下：

1. 租賃期間屆滿時，資產所有權移轉予承租人。
2. 承租人有權選擇購買該租賃資產，且能以明顯低於選擇權行使日該資產公允價值之價格購買，以致在租賃開始日，即可合理確定此選擇權將被行使。
3. 即使所有權未移轉，但租賃期間涵蓋租賃資產經濟年限之主要部分。
4. 租賃開始日，最低租賃給付現值達該租賃資產幾乎所有之公允價值。
5. 該租賃資產因具相當之特殊性，以致承租人無需重大修改即可使用。

下列情形無論個別發生或互相結合，亦可導致租賃被分類為籌資租賃：

1. 如承租人得取消租賃，則出租人因租約解除所產生之損失需由承租人負擔。
2. 殘值之公允價值波動所產生之利益或損失由承租人負擔（例如：以租賃結束時租賃資產出售之大部分價款作為租金回饋金）。
3. 承租人有能力以明顯低於市場行情之租金續租一期。

而對出租人而言，除了需符合上述條件之一外，還需符合下列兩條件，才能稱為籌資租賃：

1. 應收租賃款的收款可能性能合理估計。
2. 應由出租人負擔的未來成本，無重大不確定性。

由於出租人還需符合上述兩條件才能稱為籌資租賃，故一項租賃在承租人列為籌資租賃，而出租人可能列為營業租賃，兩方面的分類可能產生不一致的情況。對出租人而言，籌資租賃產生製造商或經銷商損益者，亦即應收租賃款之現值大於或小於租賃資產之成本或帳面價值者，稱為銷售型租賃。若不產生製造商或經銷商損益者，稱為直接籌資租賃。

（二）租賃會計處理

由於籌資租賃及營業租賃的會計處理不同，對財務報表的影響也不同。就籌資租賃來說，在租賃期間，由於需認列租賃資產及負債，使得其對資產負債表有很大的影響，相對的在綜合損益表下也認列較多的折舊費用及利息費用。就營業租賃來說，無需認列資產及負債，對資產負債表影響小，所認列的費用也較少。

籌資租賃之認列基本條件(符合任何一點)

1. 租賃期間屆滿時,資產所有權移轉予承租人。

2. 承租人有權選擇購買該租賃資產,且能以明顯低於選擇權行使日該資產公允價值之價格購買,以致在租賃開始日,即可合理確定此選擇權將被行使。

3. 即使所有權未移轉,但租賃期間涵蓋租賃資產經濟年限之主要部分。

4. 租賃開始日,最低租賃給付現值達該租賃資產幾乎所有之公允價值。

5. 該租賃資產因具相當之特殊性,以致承租人無需重大修改即可使用。

籌資租賃會計處理釋例

時間	分錄
租賃開始日	租賃資產 ××× 　應付租賃款 　×××
支付租金及承認利息費用(若為期初付款)	期初付款時 　應付租賃款 ××× 　　現金 　××× 期末計息時 　利息費用 ××× 　手續費支出 ××× 　　應付租賃款 　×××
支付租金及承認利息費用(若為期末付款)	利息費用 ××× 手續費支出 ××× 應付租賃款 ××× 　現金 　×××

Unit 6-6
股東權益 Part 1

　　股東權益分為投入資本、保留盈餘及其他（如未實現長期股權投資跌價損失等），投入資本包括股本及資本公積兩部分，保留盈餘可區別為提撥保留盈餘及未提撥保留盈餘。在分析股東權益構成項目時，雖然對於公司盈餘之決定無重大影響，但對於如何去分析構成項目的變動卻是很重要的。

一、投入資本

（一）股票的種類

　　依股東權益來分，股本可以區分為普通股及特別股兩種。普通股股東的基本權利包括：表決權、盈餘分配權、剩餘資產分配權及優先認股權。而特別股最常見的特徵為：

1. 累積盈餘分配權或參加盈餘分配權

　　累積特別股的盈餘分配權不因本期末未宣告發放股利而喪失，可遞延至以後分配盈餘時一併發放。參加特別股的股東，除了取得依約定股利率分配的股利外，在普通股股東分配同一比率的股利後，可共同參與分配剩餘的盈餘。

2. 可轉換成普通股

　　可轉換特別股之股東具有選擇權，即允許特別股股東有轉換為普通股股利。

3. 可由發行公司收回

　　當公司有多餘資金或可取得成本較低的資金時，可依約定收回價格收回特別股，以節省資金成本。

4. 剩餘財產優先分配權

　　指當公司解散清算時，經清償所有債務之後，特別股之股東有優先分配剩餘財產之權利。

5. 無表決權

　　公司多限制特別股的表決權或發行時無表決權的特別股，以免間接影響普通股股東對公司間接的控制能力。

（二）股票之發行

　　股票可分為面額股及無面額股，無面額股可分為有設定價值的無面額股及無設定價值的無面額股，無設定價值的無面額股以所有繳入的股款作為其資本額。在我國規定每股面額$10。

特別股常見的特徵

1. 累積盈餘分配權或參加盈餘分配權

2. 可轉換成普通股

3. 可由發行公司收回

4. 剩餘財產優先分配權

5. 無表決權

投入資本變動會計處理釋例

假設天工公司於2012年1月1日發行普通股股本10,000股，每股面額為$10，於3月1日買回庫藏股3,000股，每股市價$15，4月1日賣出庫藏股2,000股，每股面額$16，於8月1日將剩餘的庫藏股全部賣出，當時市價為$11。其會計處理為：

3月1日買回庫藏股3,000股

| 庫藏股 | 45,000 | |
| 　現金 | | 45,000 |

4月1日賣出2,000股

現金	32,000	
庫藏股		30,000
資本公積－庫藏股交易		2,000

8月1日全部賣出

現金	11,000	
資本公積－庫藏股交易	2,000	
保留盈餘	2,000	
庫藏股		15,000

Unit 6-7
股東權益 Part 2

（三）投入資本的變動

　　庫藏股是指公司已收足股款並發行在外，經公司買回尚未註銷的股票。採用成本法下，當購入庫藏股時，應借記庫藏股，以顯示資本的暫時減少。

　　在分析財務報表時，庫藏股股東的權利可能會受到法律的限制，如股利之分派、表決權、優先認購新股、分配剩餘財產等權利的限制。除此之外，與庫藏股票等額之保留盈餘亦限制不得分配股利，故需在財務報表附註揭露其相關資訊。

二、保留盈餘

（一）保留盈餘的變動

　　保留盈餘的變動常涉及很多交易的變動，使保留盈餘增加的原因包括本期淨利、前期損益調整及以資本公積彌補虧損等。保留盈餘減少的原因包括本期淨損、股利分配、庫藏股交易等。我們在下面討論之。

　　前期損益調整主要是因為前期損益計算發生錯誤，包括在計算、認定、紀錄的錯誤等，而於前期財務報表發布後，才加以更正。通常發現前期錯誤時，直接貸記或借記保留盈餘，或是先記錄在前期損益調整，於期末時再轉入保留盈餘。股利的種類有很多種，可分為現金股利、股票股利。現金股利是指公司以支付現金的方式將盈餘分配給股東；股票股利是指公司在分配盈餘時以發行自己的股票依股東持有比例分配給股東。

（二）保留盈餘的提撥

　　保留盈餘的提撥可能是基於契約約定、法律規定或是公司自行提撥。主要是為了特定的目的而將盈餘重分配，非盈餘的分配，盈餘一旦分配後，為永久性的減少，以後不再發放現金股利或股票股利。但有關提撥的部分仍是保留盈餘的一部分。依我國公司法規定，公司在分配盈餘前必須先將稅後盈餘的10%提列提撥，此提撥稱為法定盈餘公積，需於提撥完才可發放股利。

　　1. 契約規定：例如公司在發行公司債或是在貸款的協議上，會對保留盈餘特定數額加以限制或要求保留，限制公司分配股利。

　　2. 自行提撥：公司可能為了擴充廠房或是預期未來會發生損失，而需自行提撥保留盈餘。保留盈餘不論是因何種原因加以限制或提撥，當原因消滅後，應將提撥之盈餘還原為未提撥保留盈餘。保留盈餘的提撥僅影響股東權益項目，不直接影響公司的資產或負債。以上相關的保留盈餘的提撥，應在財務報表附註中加以揭露。

盈餘分配流程

彌補虧損	提撥盈餘公積 (法定、特別)	分配 股東股利

保留盈餘組成及種類

一	保留盈餘	＋
1. 本期淨損 2. 前期損益調整（錯誤更正）及若干會計原則變動之追溯調整 3. 現金股利或負債股利 4. 股票股利 5. 財產股利 6. 一些庫藏股交易		1. 本期淨利 2. 前期損益調整（錯誤更正）及若干會計原則變動之追溯調整 3. 公司重整（準改組）之調整

	類別	說明
已提撥	法令規定	法定盈餘公積（完納稅捐、彌補虧損後，提撥10%），目的為準備供未來彌補虧損之用。
	契約規定	償債（基金）準備、特別股贖回準備等。
	自行提撥	意外損失準備、擴充廠房準備、平均股利準備等。
未提撥		可自由分配的盈餘，是發放股利的主要來源。

由於運彩虛擬通路拖延許久，自營通路禁止開放，致使運彩科技公司虧損，富邦金控2013年7月15日再度公告，旗下的運彩公司資本額由34.5億元減資至只剩10億元，運彩科技總經理洪主民表示，盈餘減資的目的是要「認列虧損」，以利後續營運。由於運動彩券是特殊許可行業，減資應先經由金融監督管理委員會審核後，再送經濟部商業司變更公司登記。但根據經濟部商業司2013年7月25日公司登記資料，運彩公司目前實收資本額卻為17億元。

Unit **6-8**
籌資活動的現金流量

圖解財務報表分析

籌資活動通常包括與業主相關的交易事項、舉債借款或償還債款等。

1.與籌資活動相關的現金流量流入通常包括：

現金增資發行新股、舉借債務、出售庫藏股票等相關的交易。

2.與籌資活動相關的現金流量流出通常包括：

現金股利的支付、購買庫藏股票、退回資本、償還銀行借款及償付延期價款之本金等。

投資及籌資活動影響企業財務狀況而不直接影響現金流量者，應於現金流量表中補充揭露。投資及籌資活動同時影響現金及非現金項目者，應於現金流量表中列報影響現金的部分，並對交易的全貌作補充揭露。

不影響現金流量的投資籌資活動，舉例如下：

1.發行公司債交換非現金資產。

2.發行股票交換非現金資產。

3.資本租賃方式取得租賃資產。

4.短期負債再籌資為長期負債；或長期負債轉為流動負債。

5.互相交換非現金資產。

6.公司債或特別股轉換為普通股。

對於不影響現金流量也不會影響非投資籌資活動，此項交易在現金流量表上無需表達，也不需要揭露，例如：發放股票股利、資產重估增值或提撥法定盈餘公積及盈餘準備等。

企業的籌資活動中，現金流量管理主要集中在以下幾個方面：

1.預測現金流量，制定籌資計畫。 企業可以通過以現金流量表為基礎的預測，此為現金預測中最常見的一種方法，能對企業短期的現金流量進行預測，有助於日常的現金管理，根據預測結果制定短期的管理計畫。以資產負債表、損益表為基礎的預測，是對企業長期發展的現金流量進行預測，測算出企業若干年後資金的盈餘或短缺，有助於企業長期戰略計畫的制定。這樣企業能制定出較全面的籌資計畫。

2.掌握財務狀況，判別償付能力。 企業在制定籌資計畫時，要充分考慮到自身的短期與長期償債能力，避免在籌資活動中，現金的流動性出現問題，影響企業正常的生產經營活動。企業通常可以採用比率分析的方法，通過計算現金到期債務比、現金流動負債比、現金債務總額比等指標，對自身短期與長期的資金償付能力進行測算。

籌資活動產生的現金流量

吸收投資所收到的現金

- 反映企業收到的投資者投入現金,包括以發行股票、債券等方式籌集的資金實際收到的淨額。

借款所收到的現金

- 反映企業舉借各種短期、長期借款所收到的現金。

收到的其他與籌資活動有關的現金

- 反映企業收到的其他與籌資活動有關的現金流入,如接受現金捐贈等。

償還債務所支付的現金

- 反映企業以現金償還債務的本金,包括償還金融企業的借款本金、償還債券本金等。

分配股利、利潤或償付利息支付的現金

- 反映企業實際支付給投資人的利潤以及支付的借款利息、債券利息等。

支付的其他與籌資活動有關的現金

- 反映企業支付的其他與籌資活動有關的現金流出。

匯率變動對現金的影響

- 反映企業外幣現金流量及境外子公司的現金流量折算為新臺幣時,所採用的現金流量發生日的匯率或平均匯率折算的新臺幣金額與「現金及現金等價物淨增加額」中,外幣現金淨增加按期末匯率折算的新臺幣金額之間的差額。

短期償債能力
（變現性分析）

Unit **7-1**
短期償債能力的基本概念

圖解財務報表分析

一、短期償債能力的意義

　　一企業的短期償債能力即該企業支付即將到期債務的能力，故一般又稱為支付能力。至於支付流動負債的財源，通常來自二途：(1)營運資金；(2)營業週期所衍生的現金。因此，分析一企業的短期償債能力，可由下列二個觀點著手：

（一）從營業週期的觀點來看

　　營業週期的長短攸關著企業將資產或負債區分為流動或非流動。從這個觀念來看短期償債能力，指的是一個企業使用流動資產償付流動負債的能力，先正確劃分出資產及負債之流動與非流動項目，再分析流動資產與流動負債間的搭配情形，才能真正衡量該企業的短期償債能力和應變風險的能力。

（二）從財務彈性的觀點來看

　　企業的財務彈性與短期償債能力，是指企業的流動性和變現能力而言；即以流動資產變現及償付流動負債所需時間的長短而定。流動資產的變現能力與其構成項目的內涵及企業管理控制政策有關，所以企業的授信能力和應變風險的能力，也可在企業的短期償債能力上表現出來。

　　短期償債能力的好壞，直接影響一個企業的短期存活能力，它是企業健康與否的一項重要指標，可提供有關該企業短期經營生存狀況的訊息。

二、短期償債能力的重要

（一）對財務狀況資訊報導的重要

　　短期償債能力分析時，索取的原始資料來自財務報表本身；且此項能力的評估影響分析者對企業生存競爭能力的看法。一旦企業已無能力償還短期債務，則其財務會計「繼續經營假設」將受到懷疑，再對財務報表進行其他分析及評估也已無價值和可信度。

（二）對企業生存和成長的重要

　　一企業如缺乏短期償債能力時，不但無法獲得有利的進貨折扣機會，而且由於無力支付其短期債務，勢必被迫出售長期投資或拍賣固定資產；甚至因無力償還債務而導致破產厄運。因此，企業之債權人、投資者、員工、供應商、顧客及一般社會大眾，均非常關心一企業的短期償債能力；蓋債權人對一企業貸款或授信，除希望能得到本金及利息之支付外，沒有權力再與股東分享企業的利潤，故必須審慎評估企業的償債能力，以保障其債權如期收回的安全性。又一企業的流動資產，如不足以抵償其流動負債時，企業的信用必然受損，可能導致公司股價下跌；再者企業

由於信用有限，為籌措其資金，必須提高使用資金的代價，使資金成本提高而喪失各種有利投資方案，進而影響其獲利能力。公司如喪失短期償債能力，將無法按期支付薪資，員工甚至失去工作機會；供應商將無法如期收回其帳款，甚至失去其顧客；公司的顧客，亦將失去進貨的來源。

短期償債能力的分析

同業比較分析

- 同業比較包括同業先進水平、同業平均水平和競爭對手比較三類，它們的原理是一樣的，只是比較標準不同。
- 同業比較分析有兩個重要的前提：一是如何確定同類企業，二是如何確定行業標準。

歷史比較分析

- 短期償債能力的歷史比較分析採用的比較標準是過去某一時點的短期償債能力的實際指標值。比較標準可以是企業歷史最好水平，也可以是企業正常經營條件下的實際值。在分析時，經常採用上一年實際指標進行對比。

預算比較分析

- 預算比較分析是指對企業指標的本期實際值與預算值所進行的比較分析。預算比較分析採用的比較標準是反映企業償債能力的預算標準。預算標準是企業根據自身經營條件和經營狀況制定的目標。

Unit **7-2**
影響短期償債能力的基本要素

圖解財務報表分析

一、影響短期償債能力的基本要素

一企業營運資金多寡及營業循環速度，實為決定該企業短期償債能力的基本要素，分述如下：

1. 營運資金多寡。

2. 營業循環速度。

一企業的短期償債能力大小，隨其營業循環速度而成正比例關係；就買賣業而言，所謂營業週期，係指以現金購買商品，在商品未出售前，即為存貨型態；當商品一旦出售後，即由存貨轉換為應收帳款型態；應收帳款一旦收回後，又再轉換為現金型態；此項營業活動周而復始，構成一個循環。

短期償債能力受多種因素的影響，包括行業特點、經營環境、生產週期、資產結構、流動資產運用效率等。僅憑某一期的單項指標，很難對企業短期償債能力作出客觀評價。因此，在分析短期償債能力時，一方面應結合指標的變動趨勢，動態地加以評價；另一方面，要結合同行業平均水平，進行橫向比較分析。同時，還應進行預算比較分析，以便找出實際與預算目標的差距，探求原因，解決問題。

一些在財務報表中沒有反映出來的因素，也會影響企業的短期償債能力，甚至影響力相當大。增加償債能力的因素有：可動用的銀行貸款指標、準備很快變現的長期資產和償債能力聲譽。減少償債能力的因素有：未作記錄的或有負債、擔保責任引起的或有負債等。財務報表的使用者，多瞭解一些這方面的情況，有利於作出正確的判斷。

二、現行短期償債能力分析方法的缺陷

1. 現行分析方法是建立在對企業現有資產，進行清算變賣的基礎上進行的。

2. 流動性分析強調的是企業的流動資產與流動負債要保持一定的比例，在結構上對稱，使流動資產足以償付流動負債。

3. 現行分析方法是以權責發生制原則為前提，債務和償債來源包含各種各樣的應收、應付因素，是一種「理論上」的分析。

4. 流動性分析是一種靜態的分析。流動比率所採用的數據來源為企業過去某一時點的財務報表，體現的是一種靜態的效果。

5. 償債資金來源渠道單一化。流動性分析將償債資金來源局限在企業財務報表內流動資產的變現上，而事實上償債資金來源有多種渠道。

104

現行短期償債能力分析缺陷剖析

(一)現行分析方法是建立在對企業現有資產進行清算變賣的基礎上進行的。

- 企業要生存下去就不可能將所有的流動資產變現來償還流動負債。因此，應以持續經營假設為基礎而非清算基礎、從企業的未來盈利能力而非資產的變現能力來判斷企業的償債能力，否則評價的結論只能是企業的清算償債能力。持續經營企業償還債務必須依賴於企業穩定的現金流入，如果償債能力分析不包括對企業現金流量的分析則有失偏頗。

(二)流動性分析強調的是企業的流動資產與流動負債要保持一定的比例，在結構上對稱，使流動資產足以償付流動負債。

- 這兩者之間的關係並不那麼直接。而且這很容易給人一個錯誤的暗示，即短期負債的債權人對流動資產擁有某種優先權，只有流動資產超過流動負債的部分才能用於清償長期負債的債權人，而事實上，所有債權人的權利是同等的。

(三)現行分析方法是以權責發生制原則為前提，債務和償債來源包含了各種各樣的應收、應付因素，是一種「理論上」的分析。

- 事實上，債務的償還終究得依賴於企業的現實支付能力，必須有相應的現金流量作支撐，而這正是建立在收付實現制原則基礎上的。

(四)流動性分析是一種靜態的分析。流動比率所採用的數據來源為企業過去某一時點的財務報表，體現的是一種靜態的效果。

- 這種效果往往會因為某一筆業務的發生，如企業賒購較大數額的原材料或因財務報表的人為粉飾而大受影響。而償債能力分析則著眼於未來，是一種推測預期，需對企業在債務償還期內的經營狀況及財務狀況的變化及其對償債能力的影響進行動態的分析，這才是比較科學與合理的。

(五)償債資金來源渠道單一化。流動性分析將償債資金來源局限在企業的表內流動資產的變現上，而事實上償債資金來源有多種渠道。

- 償債資金來源有多種渠道，既可以是企業經營中產生的現金，也可以是新的短期融資資金；既可以來源於流動資產的變現，也可以通過長期資產的變現加以解決；既可利用財務報表內的現有資產資源，也可得益於財務報表外可增強企業償債能力的各種潛在因素等。如果僅以流動資產變現作為償債資金來源，顯然不能正確衡量企業的短期償債能力。

Unit **7-3**
短期償債能力的分析 Part 1

　　分析短期償債能力的指標，通常有下列各項：(1)流動比率；(2)速動或酸性測驗比率；(3)現金比率；(4)應收帳款週轉率；(5)存貨週轉率等。

一、流動比率

（一）流動比率之意義及功能

　　流動比率的意義在於每一元短期負債，有幾元流動資產可供清償的後盾，故又稱為償債能力比率（Liquidity Ratio）；以流動資產清償短期負債後，是否尚有餘額可供週轉運用。一般言之，一企業的流動比率愈高，表示其短期償債能力愈強；蓋就債權人的觀點而言，流動比率愈高，表示流動資產超過流動負債的倍數也愈多，一旦企業面臨清算時，則具有鉅額的流動資產作為緩衝，以抵沖資產變現損失，而確保其債權。根據經驗法則，通常均認為流動比率達到200%為最理想。流動比率的基本功能，在顯示短期債權人安全邊際（Margin Safety of Short-term Creditors）的大小。其計算公式如下：

> **流動比率＝流動資產 / 流動負債**

　　例如：華碩電腦股份有限公司100年流動資產是$112,732,696，流動負債是$61,679,774，則流動比率為182.8%。這一比率的意思，就是表示1.83：1；也就是說，流動資產有$1.83可以償還$1.00的流動負債。一般商業流動比率的測度，如果比值接近2，就算是情形良好；不過，近年來一般人士認為企業過度擁有流動資產，也並非合理現象，尤其是在通貨膨脹很劇烈的情形下，更不恰當。

（二）流動比率之組成

　　流動比率之組成主要是指流動資產之組合，雖然流動資產都是短期內可轉換為現金的資產，但個別項目的變現能力仍有相當的差別，例如：較具流動性的金融商品可隨時在證券市場變現，而存貨則需出售後經過若干時日才能收回款項，所以流動資產之組合對於瞭解企業的償債能力甚為重要。

　　此外有一種速動比率又稱酸性測試比率（Acid Test Ratio或Quick Ratio），原為與流動比率同性質的分析方法，惟其內容較流動比率更為嚴格，亦可顯示流動比率之構成。此一比率通常將變現速度較慢的存貨及預付費用兩種資產自流動資產中減除，餘額稱為速動資產，然後將其與流動負債相比，所得商數稱為速動比率。其計算公式如下：

> **速動比率＝（流動資產－存貨－預付費用）/ 流動負債**
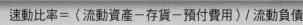

運用流動比率需注意之事項

(一)流動比率高，一般認為償債保證程度較強，但並不一定有足夠的現金或銀行存款償債。

- 流動資產除了貨幣資金以外，還有存貨、應收帳款、待攤費用等項目，有可能出現雖然流動比率高，但真正用來償債的現金和存款卻嚴重短缺的現象，所以分析流動比率時，還需進一步分析流動資產的構成項目。

 (二)計算出來的流動比率，只有和同行業平均流動比率、本企業歷史流動比率進行比較，才能知道這個比率是高還是低。

- 這種比較通常並不能說明流動比率為什麼這麼高或低，要找出過高或過低的原因還必須分析流動資產和流動負債所包括的內容以及經營上的因素。一般情況下，營業週期、流動資產中的應收帳款和存貨的週轉速度是影響流動比率的主要因素。

流動比率、速動比率公式及釋式例

$$流動比率 = \frac{流動資產}{流動負債}$$

$$速動比率 = \frac{流動資產 - 存貨 - 預付費用}{流動負債}$$

流動資產之組合將會影響速動比率，茲舉例如下：

	第一年		第二年	
	金額（元）	百分比	金額（元）	百分比
流動資產				
現金	$200,000	13.8	$100,000	6.9
公允價值變動列入損益之金融資產	300,000	20.7	250,000	17.2
應收帳款及票據	400,000	27.6	450,000	31
存貨	450,000	31	500,000	34.5
預付費用	100,000	6.9	150,000	10.33
流動資產總額	$1,450,000	100	$1,450,000	100

假定上例中，流動負債兩年同為$700,000，則流動比率兩年同為2.07：1，但速動比率則有差異，計算如下：

第一年：
$$\frac{1,450,000 - 450,000 - 100,000}{700,000} = 1.29：1$$

第二年：
$$\frac{1,450,000 - 500,000 - 150,000}{700,000} = 1.14：1$$

Unit **7-4**
短期償債能力的分析 Part 2

（三）流動比率之趨勢

　　流動比率需經過比較才能予以恰當的解釋，將流動比率與企業過去同一比率比較，可瞭解其進步或退步情形，如將多年比率並列比較更可顯示其趨勢。但有時流動比率低落是季節性業務變動或經濟起伏的結果。對於這種情形，只有從銷貨額及景氣變動方面去觀察，才能獲得正確瞭解。又在通貨膨脹物價上漲期間，流動資產及流動負債亦會隨之增加。此外，流動比率亦可以人為的加以虛飾，俗稱窗飾，意謂商店將櫥窗裝飾華麗以吸引顧客注意。其係於年度結帳前將金融商品出售或將應收票據向銀行貼現，所得現金用以清償應付帳款或票據，如此流動資產和流動負債同時降低，流動比率隨之提高。其他如催收顧客所欠帳款及延緩進貨，亦可達同樣目的。

　　為求瞭解流動比率有無虛飾情形，最好就企業各月或各季資產負債表計算其流動比率，並予以比較。

（四）流動比率用以衡量短期償債能力之理由

1. 流動比率可以顯示一企業以流動資產抵償流動負債的程度。就其相對的關係而言，凡流動比率愈高者，表示以流動資產抵償流動負債的程度愈大，則流動負債獲得清償的機會也愈高。

2. 凡流動比率超高100%的部分，可提供一項緩衝的作用；蓋於現金以外的流動資產變現時，可能會發生若干數額的變現損失，必將侵蝕流動資產。因此，如流動比率超過100%的部分愈大，則對債權人的保障程度也愈高。

3. 流動比率可指出一企業所擁有的營運資金與短期債務的比率關係，可顯示該企業應付任何不確定因素衝擊的能力；此項不確定因素的衝擊，隨時均有發生可能，例如天災人禍所造成的意外損失、罷工損失、資產貶值，以及市場競爭壓力等，如一旦發生，將使企業遭受重大的損失。

4. 此外，流動比率由於觀念清晰、計算簡單，而且資料比較容易獲得，故早已成為金融機關、債權人及潛在的投資者衡量一企業短期償債能力的重要工具。

108

流動比率之應用

小博士解說

　　在製造業中，一般企業的合理流動比率為200%，而在其流動資產中，約有一半為流動力較差的存貨和預付款項等，使其流動比率較一般服務業等來得高。另一半則為流動性較大的現金及約當現金和應收款項等，而這部分至少需等於企業的流動負債部分，企業的短期償債能力才能較有保證。

流動比率之情形釋例

有時流動比率低落是季節性業務變動或經濟起伏的結果，例如：

	第一年	第二年
流動資產	$200,000	$300,000
流動負債	100,000	200,000
營運資金	100,000	100,000
流動比率	2：1	1.5：1

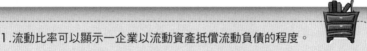

　　上例第二年因經濟繁榮，流動資產及流動負債均增加$100,000，營運資金仍與第一年相同，但流動比率則自2：1減為1.5：1。反之，如第二年經濟衰退，流動資產及流動負債同樣減少，亦可導致流動比率提高。

　　某一公司年終結帳時，運用上述方法將流動資產與流動負債同樣減少$100,000，則其流動比率變動如下：

	原本的金額	流動資產及流動負債同減$100,000後
流動資產	$600,000	$500,000
流動負債	300,000	200,000
流動比率	2：1	2.5：1

此即窗飾，流動比率可人為的加以虛飾。

流動比率用以衡量短期償債能力之理由

1. 流動比率可以顯示一企業以流動資產抵償流動負債的程度。

2. 凡流動比率超高100%的部分，可提供一項緩衝的作用。

3. 流動比率可指出一企業所擁有的營運資金與短期債務的比率關係，可顯示該企業應付任何不確定因素衝擊的能力。

4. 流動比率觀念清晰、計算簡單，而且資料比較容易獲得。

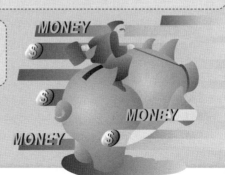

Unit **7-5**
短期償債能力的分析 Part 3

（五）流動比率運用的限制

1. 流動比率僅表示一企業在某特定時點可用資源的靜止（Static）狀態與存量（Stock）的觀念，此項靜止狀態的淨資金與未來資金流量，兩者並無必然的因果關係。又流動比率僅顯示在未來短期內，資金流入與流出的可能途徑，而此項資金流量仍然受銷貨、利潤及經營情況等諸因素的影響；惟這些因素在計算流動比率時，均未予考慮。

2. 存貨為未來短期內現金流入量的重要來源之一，惟一般企業均按成本或成本與淨變現價值孰低法評估存貨的價值，並據以計算流動比率。事實上，經由存貨而產生的未來短期內現金流入量，除存貨成本以外，尚包括銷貨毛利在內；然而一般人於計算流動比率時，並未將毛利因素予以考慮在內。

3. 一企業的應收帳款，係來自銷貨，而應收帳款的多寡，往往又受銷貨條件及信用政策等因素的影響。就一般情形而言，除非企業辦理清算，否則舊的應收帳款收回，隨即又發生新的應收帳款。因此，如將應收帳款的多寡視為未來現金流入量的指標，而未考慮企業的銷貨條件、信用政策及其他有關因素時，難免會發生偏差。

4. 在一個重視財務管理的企業中，持有現金（包括等值現金）之目的，在於防範現金流入不足以支付現金流出所引起的現金短缺現象。例如當銷貨減少時，來自銷貨收入的現金流入量，將少於支付進貨或各項費用的現金流出量，此時必須仰賴所持有的現金以支應其不足。惟現金非屬獲利性資產，因此，一般企業均儘量減少現金的數額，遂使現金餘額無法維持應有的水準。事實上，有很多企業均於現金短缺時，轉向金融機構借款，而此項未來資金融通的數額，並未包括於流動比率的計算公式內。

5. 粉飾效應。企業管理者為了顯示出良好的財務指標，會通過一些方法粉飾流動比率。例如：對以賒購方式購買的貨物，故意把接近年終要進的貨延遲到下年初再購買；或年終加速進貨，將計畫下年初購進的貨物提前至年終內購進等，都是人為地影響流動比率。

（六）流動比率的改進方法

1. 檢驗應收帳款質量。
2. 選擇多種計價屬性。
3. 分析財務報表外因素。

流動比率運用之限制及改進方法

流動比率僅表示一企業在某特定時點可用資源的靜止（Static）狀態與存量（Stock）的觀念。

存貨為未來短期內現金流入量的重要來源之一，惟一般企業均按成本或成本與淨變現價值孰低法評估存貨的價值，並據以計算流動比率。

在一個重視財務管理的企業中，持有現金（包括等值現金）之目的，在於防範現金流入不足以支付現金流出所引起的現金短缺現象。

粉飾效應。

改進之方法

說明

1. 檢驗應收帳款質量

目前企業之間的三角債普遍存在，拖欠週期有些很長，特別是國有大中型企業負債很高，即使企業提取了壞帳準備，有時也不足以沖抵實際的壞帳數額。顯然，這部分應收帳款已經不是通常意義上的流動資產了。所以，會計報表的使用者應考慮應收帳款的發生額、企業以前年度應收帳款中實際發生壞帳損失的比例和應收帳款的帳齡，運用較科學的帳齡分析法，從而估計企業應收帳款的質量。

2. 選擇多種計價屬性

即對流動資產各項目的帳面價值與重置成本、現行成本、可收回價值進行比較分析。企業流動資產中的一個主要之組成部分是存貨，存貨是以歷史成本入帳的。而事實上，存貨極有可能以比該成本高許多的價格賣出去，所以通過銷售存貨所獲得的現金數額往往比計算流動比率時所使用的數額要大。

3. 分析表外因素

會計報表使用者需要的不僅是對企業當前資金狀況的真實而公允的描述，更希望瞭解有利於決策的、體現企業未來資金流量及融通的預測性信息。但是流動比率本身有一定局限性，如未能較佳地反映債務到期日企業資金流量和融通狀況。

Unit 7-6
短期償債能力的分析 Part 4

二、速動比率

（一）速動比率之意義及功用

速動比率（Quick Ratio）或酸性測驗比率（Acid Test Ratio），是指速變流動資產（Quick Current Assets）對流動負債的比率而言。此一比率，是測試每一元流動負債，有幾元速動資產為清償的後盾。所謂速變流動資產又稱速動資產（Quick Assets），或稱為速變資產，是指現金、銀行存款、應收票據、應收帳款和公允價值變動列入損益之金融資產等而言，但不包括存貨在內，其中變為現金以供償債的速率最快，可供緊急償債之用、測試緊急清償短期負債的能力及流動資本的地位。速動比率，能夠達到1：1的比率就可以稱為適合，在流動比率超過2：1的情形下，如果速變流動資產總額等於或大於流動負債，就可以判斷這是一種良好的財務狀況；如果速變流動資產小於流動負債，則對於短期負債的償債能力就成問題，當然這並不是良好的財務狀況。

（二）速動比率之組成

速動比率的計算方法，是速動資產／流動負債，而速動資產係將存貨及預付費用等變現性較差的項目排除於流動資產外，二者的比率是表示每一元的流動負債，有幾元的速動資產可以清償。

三、現金比率

（一）現金比率之意義及功用

流動性最快的流動資產當然是現金，因為現金本來就是流動性的衡量標準。緊跟在現金之後的流動資產就是公允價值變動列入損益之金融資產。它通常具備高度的變現能力，而且也是現金短期的安全儲存處。事實上，這種投資被認為是「現金等值」，而且通常還能賺取一些適度的報酬。現金比率是將現金和現金等值兩者與流動資產合計相比，其目的是用來衡量這群資產的流動性程度。

（二）現金比率之組成

現金比率之計算式如下：

（約當現金＋變現性高的金融資產）／流動負債

這比率愈高，則這群流動資產的流動性愈強。其次，這比率愈高，意謂著現金與現金等值在清算時，其變現損失之風險愈小。同時也意謂著，這些資產轉換成現金時，實際上無需等待期間。

速動比率公式及釋例

$$速動比率 = \frac{速動資產}{流動負債}$$

例如：某一公司的速動資產是$87,000，流動負債是 $25,700，則該公司的速動比率為：

$$\frac{速動資產}{流動負債} = \frac{87,000}{25,700} = 339\%$$

二者的比率是表示每一元的流動負債，有幾元的速動資產可以清償。例如，某一公司速動比率是339%，就是3.39：1；換句話說，速動資產是3.39，而流動負債是1，這也就是說，速變流動資產有$3.39可以償還 $1.00的流動負債。

現金比率之公式

$$現金比率 = \frac{（約當現金＋變現性高的金融資產）}{流動負債}$$

流動比率、速動比率、現金比率之關係

1. 以全部流動資產作為償付流動負債的基礎，所計算的指標是流動比率。

2. 速動比率以扣除變現能力較差的存貨和不能變現的待攤費用作為償付流動負債的基礎，它彌補了流動比率的不足。

3. 現金比率以現金類資產作為償付流動負債的基礎，但現金持有量過大會對企業資產利用效果產生負作用，此指標僅在企業面臨財務危機時使用，相對於流動比率和速動比率來說，其作用力度較小。

4. 速動比率同流動比率一樣，反映的都是單位資產的流動性以及快速償還到期負債的能力和水平。一般而言流動比率是2，速動比率為1。但是實務分析中，該比率往往在不同的行業，差別非常大。

5. 速動比率，相對流動比率而言，扣除了一些流動性非常差的資產，如待攤費用，這種資產其實根本就不可能用來償還債務；另外，考慮存貨的毀損、所有權、現值等因素，其變現價值可能與帳面價值的差別非常大，因此，將存貨也從流動比率中扣除。這樣的結果是，速動比率非常苛刻的反映了一個單位能夠立即還債的能力和水平。

Unit 7-7
短期償債能力的分析 Part 5

（二）現金比率之組成（續）

至於可自由運用之現金，分析者應該牢記，現金餘額的用途可能會受到某些限制，例如所謂的補償性存款，就是貸款銀行要求顧客將借款之一部分回存到銀行，不能動用。然而，就算這部分存款可以動用，分析者仍應評估公司在違反補償性存款協定時，對公司的信用等級、授信額度，及其與銀行關係之影響。

在評估現金比率時，尚需提到兩項有關的因素。其一為採用現代電腦化之現金管理方法，使得公司更有效率的運用現金，因此降低了一般營運所需的現金水準。另一者為開放式信用額度以及其他擔保信用協定，已成為現金餘額有效的替代品，故亦應加以考慮。

四、應收帳款週轉率

（一）應收帳款週轉率之意義及功用

此比率在測試投入應收款項內的資金，使用是否具有效率；企業的放款政策，是否太過寬鬆；收帳能力，是否良好。其評估標準，視商業習慣上平均賒銷期限而定；週轉次數以較多為佳，每週轉一次所需天數以較短為宜。

應收帳款的週轉比率又稱為收款比率（Collective Ratio），是表示應收帳款在營業期間週轉的次數，藉以測驗企業的收款成效。通常企業發生賒銷商品的程序是：應收帳款→現金→商品→應收帳款，商品賒銷之後，一方是貸記銷貨收入，一方是借記應收帳款，這種應收帳款，也許可以收回，也許不能收回，欠款的期間愈長，則不能收回而發生壞帳的可能性愈大。如果這一比率增加，表示收款的成效良好；如果這一比率減少，則表示收款的成效不好。收款成效不好，則發生呆滯資金，不能使資金加以靈活運用，而增加企業的風險。

（二）應收帳款週轉率之組成

應收帳款週轉率計算的方法，是銷貨淨額／應收帳款。應收帳款週轉率，往往受到市場商業循環的影響而左右其比率大小，一般來說，市場不景氣時，信用緊縮、貨物滯銷、應收帳款不斷增加，收款也較為困難，此時，應收帳款週轉率因而下降；市場繁榮時，信用擴張、貨物暢銷、應收帳款不斷減少，收款也較為容易，此時，應收帳款週轉率因而較高。這種客觀環境的影響，在分析應收帳款週轉率時，應特別加以注意。由於這項因素的影響，計算應收帳款週轉率時，如果以賒銷總額／應收帳款，所得到的結論，也許更為正確。

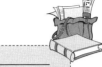

應收帳款週轉率公式

$$應收帳款週轉率 = \frac{銷貨收入（賒銷）}{（期初應收帳款＋期末應收帳款）/2}$$

$$應收帳款週轉天數 = \frac{360}{應收帳款週轉率}$$

應收帳款週轉率公式的缺陷

分子的缺陷

- 應收帳款週轉率反映的是本年度應收帳款轉為現金的次數，公式中的分子應該是本年應收帳款不斷收回現金所形成的週轉額，而把營業收入淨額作為分子有失偏頗。營業收入淨額既包括賒銷額也包括現銷額，實質上現銷額與應收帳款毫不相干，但企業為保守商業機密，會計報表上通常不提供現銷、賒銷金額。因此，為方便取數，把整個營業收入淨額（不管是現銷、賒銷）列為分子未嘗不可。但關鍵是營業收入淨額（即便全是賒銷）也僅僅是一年（一定時間期）全部收回現金。而且把營業收入淨額列為分子還暗含一種前提假設，即本年（本期）的銷售，無論哪家企業、無論何種經營狀況、無論銷售何時發生，本年（本期）都必須全部收回現金，只有這樣應收帳款週轉率才能反映本年度或一定時期應收帳款轉為現金的次數。這種前提假設與實際不相符，因此，營業收入淨額絕不是應收帳款收回現金的週轉額，其不能作為應收帳款週轉率的分子。

分母的缺陷

- 應收帳款週轉率的分母是應收帳款平均餘額，用應收帳款規模作分母非常合理。不足之處是，由於賒銷可能有票據結算，所以，應收帳款平均餘額也應包含應收票據平均餘額。

Unit **7-8**
短期償債能力的分析 Part 6

五、存貨週轉率

（一）存貨週轉率之意義及功用

相同金額的存貨，如果週轉快，銷貨就多；週轉慢，銷貨就少。銷貨多則利潤多，銷貨少則利潤亦少；所以存貨週轉必求其快速，快速則投資報酬比較豐厚。本比率即在測試存貨週轉快慢，產銷效能是否良好，存貨是否過多。其評估標準，則視製造所需時間而定，較大為宜。

平均存貨的週轉比率（Turnover of Average Inventory Ratio），又稱為商品週轉比率（Merchandise Turnover Ratio），或稱為銷貨成本與平均存貨比率（Cost of Goods Sold to Average Inventory Ratio），也有稱為商品存貨週轉的次數，是用以測試營業期間商品存貨的銷售速度，藉以瞭解存貨控制的效能，如果此一比率高，表示商品銷售快速，對存貨的控制，發揮了高度效能；相反的，如果此一比率低，則表示商品銷售緩慢，對存貨的控制，沒有發揮效能。這項速度或週轉次數的測試，以全年平均存貨為基礎，或以一月底存貨額與十二月底存貨額相加，除以二所得到的商數，作為平均存貨。用這種方法所求得的商品週轉次數，是指全部商品的平均數，並不是指某一種商品而言，所以平均存貨週轉比率（即商品週轉次數），在商情分析中，是一個極重要的比率。

（二）存貨週轉率之組成

平均存貨週轉率的計算方法，是銷貨成本／平均存貨。若某一公司銷貨成本是$200,000，平均存貨假設是$42,000，二者的比率，表示營業期間商品存貨銷售速度的快慢，藉以測驗存貨控制的效能，根據此公式，該公司平均存貨的週轉率如下：

$$\frac{銷貨成本}{平均存貨} = \frac{200,000}{42,000} = 476\% （4.76次）$$

上述比率，意思是每購入商品 $4.76，就有存貨$1.00；也就是說，平均存貨的週轉率為4.76次，此一比率對買賣業來說，似乎稍嫌過低。

平均存貨

平均存貨通常是由一企業儲備的材料、零組件、在製品和製成品構成。從存貨政策的觀點來看，每一企業都必須確定其適當的存貨水平。平均存貨的概念係衡量企業於會計年度內維持的平均水準，故公式採用平均存貨，而非容易受政策波動影響的單一數字：期末存貨。公式為（期初存貨＋期末存貨）÷2。

存貨週轉率公式

$$存貨週轉率（次）= \frac{銷貨成本}{（期初存貨＋期末存貨）/2}$$

$$存貨週轉天數 = \frac{360}{存貨週轉率}$$

存貨週轉率分析應注意事項

1. 存貨週轉率指標反映了企業存貨管理水平，它不僅影響企業的短期償債能力，也是整個企業管理的重要內容。

2. 分析存貨週轉率時還應對影響存貨週轉速度的重要項目進行分析，如分別計算原材料週轉率、在製品週轉率等。計算公式為：

   (1) 原材料週轉率＝耗用原材料成本÷存貨平均餘額
   (2) 在製品週轉率＝製造成本÷存貨平均餘額

3. 存貨週轉分析的目的是從不同的角度和環節，找出存貨管理中存在的問題，使存貨管理在保證生產經營連續性的同時，儘可能少占用經營資金，提高資金的使用效率，增強企業短期償債能力，促進企業管理水平的提高。

4. 存貨週轉率不但反映存貨週轉速度、存貨占用水平，也在一定程度上反映了企業銷售實現的快慢。一般情況下，存貨週轉速度愈快，說明企業投入存貨的資金從投入到完成銷售的時間愈短，存貨轉換為貨幣資金或應收帳款等的速度愈快，資金的回收速度愈快。

第 **8** 章
長期償債能力及資本結構

章節體系架構 ▼

Unit **8-1**
長期償債能力及資本結構 Part 1

　　企業借入資金後，就承擔了債務的本金和支付該期間應計利息的兩種義務。評估企業的償債能力，宜同時分析其還本能力和付息能力。償還債務的期間有長短之別，因而連帶地影響其償債能力。

　　舉借長期債款的理由很多，其中涉及財務槓桿的運用。財務槓桿就是運用企業資本結構中具有固定報酬的債務，藉以提高當年度淨利，增加普通股股東的報酬。因為任何債權人均不願在業主未提供權益資本作為安全保證以前貸放款項，所以財務槓桿又名運用權益舉債，亦即利用已存有的定額權益資本為舉債的基礎。

一、企業長期負債之性質

　　企業的長期負債多因購置機器、房屋及其他營業所需的設備而產生，償還期限在一年或一個營運週期以上，分次或一次償還，通常需提供擔保品。主要有銀行長期借款及公司債兩類，此外近年流行的資本租賃亦屬長期負債性質。

（一）銀行長期借款

　　銀行長期借款可向一家銀行借入，亦可由幾家銀行聯合貸放，其中一家為主辦銀行。銀行亦可僅提供保證，而由其他銀行貸出資金，企業向國外進口機器設備多採這種方式；即國外銀行為貸款銀行，而本國銀行為保證銀行，擔保品由保證銀行收受。利率多為浮動，如係國外借款，雖然利率固定，匯率風險仍難避免。

（二）公司債

　　公司債是向社會投資大眾借款的一種方式，只有股份有限公司的企業才能發行。因其借款對象不受限制，所以可籌集大量資金；又因其在證券市場公開買賣，易於轉讓，一般投資人亦樂於購買，如係可轉換為公司股票的公司債則更具吸引力。由於公司債利率固定，為因應市場利率的變動，公司債發行時可發生溢價或折價，之後的交易價格則隨市場利率及其他有關因素而起落。

（三）資本租賃

　　資本租賃實質上是將租賃物的所有權移轉給承租人的一種租賃方式，對承租人而言等於是分期付款購買，因此應於租賃開始時將各期租金給付額之現值同時以資產及負債列帳，這種負債也是長期負債的一種。

企業長期負債的償還特點

1. 保證長期負債得以償還的基本前提是企業短期償債能力較強，不至於破產清算。所以，短期償債能力是長期償債能力的基礎。

2. 長期負債因為數額較大，其本金的償還必須有一種積累的過程。從長期來看，所有真實的報告收益應最終反映為企業的現金淨流入，所以企業的長期償債能力與企業的獲利能力是密切相關的。

3. 企業的長期負債數額大小關係到企業資本結構的合理性，所以對長期債務不僅要以償債的角度考慮，還要從保持資本結構合理性的角度來考慮。保持良好的資本結構又能增強企業的償債能力。

長期負債分類

分類方式	舉例
按籌集方式	長期借款、公司債券、房屋基金和長期應付帳款等不同種類負債
按償還方式	可分為定期償還的長期負債和分期償還的長期負債
按是否有抵押品	無抵押品的稱為信用貸款

Unit **8-2**
長期償債能力及資本結構 Part 2

二、影響長期償債能力的要素

企業舉借長期負債的各種原因之中，最重要的首推利用財務槓桿的作用。然而舉債是一回事，償債又是另一回事。自債權人的立場而言，焦點自然在企業的長期償債能力，因而必須考慮影響該能力的要素。

影響長期償債能力的要素有五：

1. 長期的盈餘和獲利能力以及最可靠的財務力量，代表了在未來期間內能夠經常產生可用以支付本息的現金。
2. 資本資金的結構型態，或為永久的權益資本，或為長期的債務資本，型態不同，影響企業償付本息的能力。
3. 企業擁有不同類型的資產，給予企業不同程度的風險，而影響債息安全性。
4. 貸款契約的規定條款和充作保證的抵押品。
5. 龐大的公司債務，導致了分析、評估債務方法的標準化。

三、企業長期償債能力分析的目的

長期償債能力分析是企業債權人、投資者、經營者和與企業有關聯的各方面等都十分關注的重要問題。站在不同的角度，分析的目的也有所區別。

（一）從企業投資者的角度

企業的投資者包括企業的所有者和潛在投資者，投資者通過長期償債能力分析，可以判斷其投資的安全性及獲利性，因為投資的安全性與企業的償債能力密切相關。

（二）從企業債權人的角度看

企業的債權人包括向企業提供貸款的銀行、其他金融機構以及購買企業債券的單位和個人。債權人更會從他們的切身利益出發來研究企業的償債能力，只有企業有較強的償債能力，才能使他們的債權及時收回，並能按期取得利息。

（三）從企業經營者的角度看

企業經營者主要是指企業經理及其他高級管理人員，他們進行財務分析的目的是綜合的、全面的。他們既關心企業的獲利，也關心企業的風險，與其他主體最為不同的是，他們特別需要關心獲利、風險產生的原因和過程。

（四）從企業其他關聯方的角度

企業在實際工作中，會與其他部門和企業產生經濟聯繫。對企業長期償債能力進行分析，對於他們也有重要意義。

影響長期償債
能力的要素

1.長期的盈餘和獲利能力

2.資本資金的結構型態

3.企業擁有的不同類型之資產

4.貸款契約的規定條款和充作保證的抵押品

5.龐大的公司債務，導致了分析、評估債務方法的標準化

從企業經營者角度看償債能力分析延伸

1.瞭解企業的財務狀況，優化資本結構

- 企業償債能力的強弱是反映企業財務狀況的重要標誌。資本結構不同，企業的長期償債能力也不同。同時，不同的資本結構，其資金成本也有差異，進而會影響企業價值。

2.揭示企業所承擔的財務風險程度

- 財務風險是由負債融資引起的權益資本收益的變動性及到期不能償還債務本息而破產的可能性。企業所承擔的財務風險與負債籌資直接相關，不同的融資方式和融資結構會對企業形成不同的財務風險，進而影響企業的總風險。

3.預測企業籌資前景

- 企業生產經營所需資金，通常需要從各種渠道，以各種方式取得。當企業償債能力強時，說明企業財務狀況較好，信譽較高，債權人就願意將資金借給企業。否則，企業就很難從債權人那裡籌集到資金。

4.為企業進行各種理財活動提供重要參考

- 企業的理財活動集中表現在籌資、用資和資金分配三個方面。企業在什麼時候取得資金，其數額多少，取決於生產經營活動的需要，也包括償還債務的需要。如果企業償債能力較強，則可能表明企業有充裕的現金或其他能隨時變現的資產，在這種情況下，企業就可以利用暫時閒置的資金進行其他投資活動，以提高資產的利用效果。

Unit **8-3**
觀察企業長期償債能力 Part 1

一、從損益表觀點評估長期償債能力

圖
解
財
務
報
表
分
析

　　具有良好債信的公司容易借到較高的融資金額，借款的利率也會較低，手續亦較簡單。因此，如欲瞭解企業在正常狀況下給付本息的來源是否充沛、可靠，需觀察共同基準之損益表，並從下列分析著手。

（一）利息保障倍數（Times Interest Earned）

　　又稱賺取利息倍數，係用以分析企業由營業活動所產生的盈餘支付利息的能力。適當之賺取利息倍數比率，係表示企業負擔利息債務的風險較低。若企業能按時支付利息，當債務到期時，由於企業債信良好，因此易於將本金部分再予以融資。事實上，企業可能無需清償本金部分，尤其是指企業所涵蓋之利息費用保持著良好的債信紀錄。所謂良好的債信紀錄，係指債務人能按時支付利息，具有良好債信的企業，易於借到相對於權益資金較高的融資額度，同時借款利率也較低。純益為利息倍數之分析，能直接衡量一企業從每期所獲得之純益，用以支付利息之倍數關係，作為判斷對外舉債是否適當的基準，賺取利息倍數比率的計算公式：剔除利息費用和所得稅費用的稅前息前本期損益/利息費用（包含資本化利息）。

1. 計算可供支付利息之純益

　　在計算可供支付利息的純益時，將面臨純益究竟應包括哪些因素的抉擇問題；在確定可供支付利息之純益範圍時，除一般淨利之外，尚需考慮下列各項因素：

(1) 應扣除利息費用及所得稅前之淨利為準

　　在計算純益為利息之倍數關係時，應以扣除利息費用及所得稅前之淨利為準；蓋利息費用可抵減課稅所得。故對於一項稅後淨利，在計算純益為利息之倍數關係時，應將該項稅後淨利，加回利息及所得稅費用。至於股利之發放，與利息費用之性質迥然不同，故應以稅後淨利為發放基礎。

(2) 特別股股利

　　特別股股利不必從淨利中扣除；蓋法律對於特別股股利是否應予支付，並無強制之規定。然而，當一企業投資於附屬公司，期末又將附屬公司之淨利列入其合併報表時，則所列入合併報表內屬於附屬公司之淨利部分，應扣除附屬公司之特別股股利；其扣除之原因，在於特別股股東對於股利之分配，具有優先於母公司權利。

(3) 少數股權

　　凡附屬於公司之盈餘被列報於母公司之合併報表時，其屬於少數股權之部分，應自合併報表之盈餘項下扣除後，始據以計算公司盈餘與利息之倍數關係。

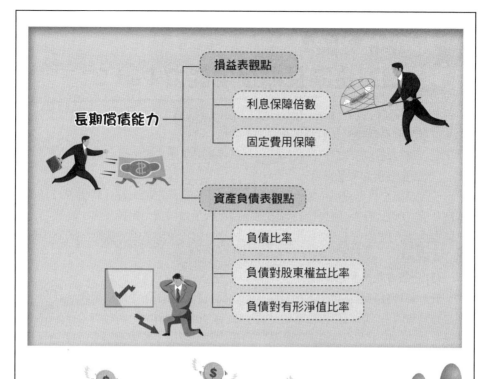

長期償債能力

- 損益表觀點
  - 利息保障倍數
  - 固定費用保障
- 資產負債表觀點
  - 負債比率
  - 負債對股東權益比率
  - 負債對有形淨值比率

利息保障倍數公式內容

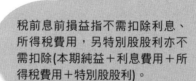

稅前息前損益指不需扣除利息、所得稅費用，另特別股股利亦不需扣除(本期純益＋利息費用＋所得稅費用＋特別股股利)。

$$\frac{剔除利息費用和所得稅費用的稅前息前本期損益}{利息費用(包含資本化利息)}$$

包含長期負債之利息、已資本化之利息(IAS23)、未資本化長期租賃負債之隱含利息(IAS17)及其他因長期負債或承諾產生之應付利息

Unit 8-4
觀察企業長期償債能力 Part 2

（一）利息保障倍數（Times Interest Earned）（續）

2. 計算利息保障倍數所應包含的利息費用

當計算純益為利息之倍數關係時，利息費用通常應包含下列各項：

(1) 長期負債之利息費用

長期負債之利息費用，應計算淨利與利息倍數關係之最直接且最明顯的因素。長期負債之利息費用，應包括約定利息及債券折價或溢價的攤銷在內。換言之，對於債券折價之攤銷，為利息費用之加項；反之，對於債券溢價之攤銷，則為利息費用之減項。

(2) 已資本化之利息

在計算純益為利息費用之倍數關係時，對於利息費用，不僅以列報於當期損益表之部分為限，同時尚需包括當期已資本化（Capitalization）而包含於資產項目的部分。例如購買土地或建造房屋期間所負擔的利息費用，經資本化後而包含於土地或房屋成本之利息費用，在計算純益為利息費用之倍數關係時，必須予以加入利息費用內。

(3) 未資本化長期租賃負債之隱含利息

對於未資本化長期租賃負債之隱含利息，在計算利息保障倍數關係時，美國證券交易委員會認為應加入。

(4) 其他

除上述各項利息費用外，凡其他因長期債務或承諾，例如長期進貨合約所產生有固定性質之利息費用，及所有可歸屬於當期負擔之已支付或應付而未付利息費用，均應包括在內。

（二）固定費用保障（Fixed Charge Coverage）

任何一企業，如無法按期支付固定的支出時，顯然已發生財務困難，甚至於導致破產之厄運；因此，為衡量一企業支付固定債務之能力，可將純益為利息倍數之觀念，予以擴大其應用範圍，使各項固定支出均包括在內，俾建立純益與各項固定支出之倍數關係。

既定性固定成本（Committed Fixed Cost）

為維持企業經營能力而必須開支的成本，如廠房和機器設備的折舊、財產稅、房屋租金、管理人員工資等。這類成本的數額一經確定，不能輕易加以改變，因而具有相當程度的約束性。

圖解財務報表分析

126

固定費用保障公式

$$固定費用保障 = \frac{可用於支付固定支出之盈餘}{固定支出（利息費用包含已資本化利息）}$$

公式分子內容

繼續營業部門稅前淨利
分配給母公司之盈餘前優先股股息
非合併子公司的權益盈利
子公司小股權的盈利

淨利

淨利息費用＝(總利息費用－資本化利息)
債務費用和折(溢)價之攤提
營業租賃費用的利息部分
非公用事業本期所攤提之以往資本化利息

含有固定
性質的費
用(利息)

淨利息費用之內容補充釋例

某公司之利息費用明細如下：

短期負債利息	$ 4.3
長期負債利息	49.7
公司債折價攤銷	3.0
資本租賃的利息部分	5.0
減：資本化利息	−13.0
	$ 49.0

知識補充站　　裁決性固定成本（Discretionary Fixed Costs）

管理當局在會計年度開始前，根據經營、財力等情況作決策而形成的固定
成本，如新產品開發費、廣告費、職工培訓費等。這類成本的數額不具有
約束性，可以斟酌不同的情況加以確定。也稱為任意性固定成本。

圖解財務報表分析

Unit **8-5**
觀察企業長期償債能力 Part 3

（二）固定費用保障（Fixed Charge Coverage）（續）

淨利為固定費用倍數（Time Fixed Charge Earned）或稱固定費用涵蓋比率（Fixed Charge Coverage）一詞，即由淨利為利息倍數演化而來，固定費用的定義不一，有主張包括利息費用、資本化利息、租賃支出、折舊、耗竭、攤提者；有主張應進一步包括長期進貨合約（具有固定性質的長期承諾），為非合併子公司保證所支付的固定費用；有主張包括租賃義務下所隱含的利息、優先股股息者；又有主張包括合併子公司的優先股股息。由於財務報表分析中各種計算公式，並無統一規定，因此，使用本比率時，宜牢記兩點：

1. 列作固定費用的項目愈多，固定費用的倍數就愈保守。
2. 在和同業比較或作趨勢分析時，企業和同業之間或各年度間的計算方式必須一致，才能產生有意義的結果。

二、從資產負債表觀點評估長期償債能力

（一）負債比率（Debt Ratio）

負債比率可用於決定公司之長期償債能力。主要用來衡量企業總資產中由債權人所提供之資金百分比，評估企業資本結構之好壞，並協助債權人衡量本身債權之保障程度。假若債權人未能受到良好保障時，公司則不應發行額外的長期債務，就以公司長期償債能力的觀點來看，負債比率愈低對公司的情況愈有利。其計算公式如下：

> **負債比率＝負債總額／資產總額**

負債對總資產比率，可衡量在企業之總資產中，由債權人所提供的百分比究竟有若干。就債權人的立場而言，負債對總資產的比率愈小，表示股東權益的比率愈大，則企業的籌資能力愈強，債權的保障也愈高。反之，如此項比率愈大，表示股東權益的比率愈小，則企業的籌資能力愈弱，債權的保障也愈低。惟就投資人立場而言，則希望有較高的負債對總資產比率，蓋此項比率愈高，一則可擴大企業的獲利能力，二則以較少的投資，即可控制整個企業。如負債對總資產的比率較高，當經濟景氣好時，由於財務槓桿作用，雖然可提高業主的利潤，但是經濟不景氣時，由於利息費用之不堪負荷，勢必遭受損失。

計算出來之負債比率應與同業平均作一比較。擁有穩定盈餘之企業較擁有週期性盈餘之企業能應付更多的債務。這種比較方式有時容易引起誤解，尤其是當某公司隱藏重大的資產項目，而其他公司並沒有時。

負債比率公式及釋例

$$負債比率 = \frac{負債總額}{資產總額}$$

華碩公司

			單位：新臺幣千元
年度	98	99	100
負債總額	$ 55,745,702	$ 61,686,940	$ 67,789,662
資產總額	228,929,679	167,730,600	182,737,912
負債對總資產比率	24.35%	36.78%	37.10%

宏碁公司

			單位：新臺幣千元
年度	98	99	100
負債總額	$ 128,823,125	$ 124,230,885	$ 119,220,723
資產總額	221,217,969	217,980,655	194,969,828
負債對總資產比率	58.23%	56.99%	61.15%

	負債比率升高	負債比率降低
優點	1. 企業生產經營資金增多，企業資金來源增大。 2. 企業自有資金利用外部資金水準提高，自有資金潛力得到進一步發揮。	1. 企業獨立性強。 2. 企業長期資金穩定性好。
缺點	1. 資金成本提高，長期負債增大，利息支出提高。 2. 企業風險增大，一旦企業陷入經營困境，如貨款收不回，流動資金不足等情況，長期負債就變成了企業的包袱。	1. 企業產品利潤率低。 2. 企業產品利潤率高，企業自有資金利潤率大於銀行利率，而企業沒有充分利用外部資金為企業創造利潤。 3. 也有可能出現流動負債過高，企業生產經營過程資金結構不穩的情況。

Unit **8-6**
觀察企業長期償債能力 Part 4

圖解財務報表分析

（二）負債對股東權益比率（Debt／Equity Ratio）

　　另一決定企業長期償債能力之指標為負債對股東權益比率。其計算方法係以負債總額除以股東權益總額。該項比率亦能幫助債權人衡量本身債權之保障程度。就公司長期償債能力之觀點來看，負債對股東權益比率愈低時，對公司的債務情況愈有利。

　　在此將介紹較保守之負債對股東權益比率之計算方法。因為所有的負債及近似負債均列入負債內，且股東權益將因資產市值大於帳面價值之程度而被低估。這項比率亦應與同業平均及競爭者作一比較。

　　負債對股東權益的比率，在衡量負債對股東權益的比例關係。對債權人而言，負債對股東權益的比率愈低，表示企業的長期償債能力愈強，則對債權人愈有安全感；反之，如此項比率愈高，表示企業的長期償債能力愈弱，則對債權人將缺乏安全感。

　　除了計算型態不同外，負債比率與負債對股東權益比率有著共同的目的，並採用相同的負債總額。因此，若按此處所建議之方法計算時，這兩項比率即可交替使用。

　　如前所述，我們可以發現公司在計算這些比率時缺乏共同一致的標準。此問題在計算負債比率及負債對股東權益比率時，更顯棘手。唯一的解決方法是試圖瞭解同業競爭者或同業平均之比率是如何計算出來的，以便作合理的比較。事實上，欲合理比較這些比率可能不太容易，因為財務資料來源有時並未指出有哪些負債列入計算中。

（三）負債對有形淨值比率（Debt to Tangible Net Worth Ratio）

　　由於無形資產之價值不穩定，故財務分析人員認為，應將各項無形資產從淨資產（即股東權益）中扣除，據以計算「負債對有形淨資產比率（Debt to Tangible Net Asset Ratio）」、或稱「負債對有形淨值比率（Debt to Tangible Net Worth Ratio）」。負債對有形淨值比率亦能決定一企業之長期償債能力。該比率亦能協助債權人衡量其債權之保障程度。就以公司長期償債能力之觀點而言，負債對有形淨值比率，如同負債比率及負債對股東權益比率，比率愈低愈好。

　　負債對有形淨值比率較前述兩者之比率更為保守。它扣除了無形資產如商譽、商標、專利權及版權等部分，如此一來，將無法利用這些資源以償付債權人，該作法是一種非常保守的計算方法。負債對有形淨值比率之計算方法為：

負債對有形淨值比率＝負債總額÷（股東權益－無形資產）

負債對股東權益比率釋例

華碩公司

			單位：新臺幣千元
年度	98	99	100
負債總額	$ 55,745,702	$ 61,686,940	$ 67,789,662
股東權益總額	173,183,977	106,043,660	114,948,250
負債對股東權益比率	32.19%	58.17%	58.97%

58.97%，表示每一元股東權益負擔0.59元負債

宏碁公司

			單位：新臺幣千元
年度	98	99	100
負債總額	$ 128,823,125	$ 124,230,885	$ 119,220,723
股東權益總額	92,394,844	93,749,770	75,749,105
負債對股東權益比率	139.43%	132.51%	157.39%

157.39%，表示每一元股東權益負擔1.57元負債

$$\text{負債對有形淨值比率} = \frac{\text{負債總額}}{\text{股東權益} - \text{無形資產}}$$

由於無形資產價值不穩定，故將其由股東權益中扣除，因此更為保守

華碩公司

			單位：新臺幣千元
年度	98	99	100
負債總額	$ 55,745,702	$ 61,616,940	$ 67,789,662
股東權益	$ 173,183,977	$ 106,043,660	$ 114,948,250
減：無形資產	174,074	89,987	123,425
調整後之股東權益	173,009,903	105,953,673	114,824,825
負債對有形淨值比率	32.22%	58.22%	59.04%

宏碁公司

			單位：新臺幣千元
年度	98	99	100
負債總額	$ 128,823,125	$ 124,230,885	$ 119,220,723
股東權益	92,394,844	93,749,770	75,749,105
減：無形資產	3,418,619	8,543,529	8,406,977
調整後之股東權益	88,976,225	85,206,241	67,342,128
負債對有形淨值比率	144.78%	145.80%	177.04%

Unit **8-7**
資本結構之比率分析 Part 1

在本節中，將就資產、負債及股東權益各類別中所含之項目，予以比較與分析，藉以瞭解企業之資本結構是否健全，俾測試其財力之大小。以民國100年華碩電腦股份有限公司之資產負債表為例做說明。

一般常用之資本結構項目別比率分析，約有下列各項：

（一）流動資產對總資產比率（Current Assets to Total Assets）

顯示資本結構中資金配置於流動資產的情形，又稱流動資產比率。公式為：

$$\frac{流動資產}{總資產} = \frac{103,346,394}{194,969,828} = 53.00\%$$

（二）固定資產對總資產比率（Fixed Assets to Total Assets）

顯示資金配置於固定資產的情形，又稱為固定資產比率。公式為：

$$\frac{固定資產}{總資產} = \frac{1,614,247}{194,969,828} = 0.83\%$$

（三）長期負債對總資產比率（Long-Term Liabilities to Shareholders' Equity Plus Debts）

按照最新的觀念，資產負債表負債總額中除流動負債以外一切負債都是長期的；又在負債加業主權益等於資產的會計方程式架構下，本比率可稱長期負債對總資產比率，簡稱長期負債率。用以表示企業的長期負債在全部資本結構中的比重，本比率愈小，企業藉助外債的程度愈低，資本結構就愈穩固。公式為：

$$\frac{長期負債}{總資產} = \frac{26,121,980}{194,969,828} = 13.40\%$$

（四）長期負債對權益資本的比率（Long-Term Debt to Equity Capital）

分子為流動負債以外的一切債務，分母為股東權益，常見債務對權益之比，如果超過了1：1，長期負債的比重就可能太高。公式為：

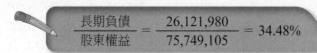

$$\frac{長期負債}{股東權益} = \frac{26,121,980}{75,749,105} = 34.48\%$$

華碩電腦股份有限公司100年資產負債表釋例(未完)

單位：新臺幣千元

華碩電腦股份有限公司
資產負債表
100年12月31日

會計科目	金額	百分比
資產		
流動資產		
現金及約當現金	16,608,239.00	9.09
公平價值變動列入損益之金融資產－流動	9,737,303.00	5.33
備供出售金融資產－流動	274,792.00	0.15
以成本衡量之金融資產－流動	372.00	0
應收帳款淨額	2,669,758.00	1.46
應收帳款－關係人淨額	52,847,656.00	28.92
其他應收款	8,251,210.00	4.52
存貨	20,149,506.00	11.03
預付款項	1,364,840.00	0.75
其他流動資產	929,020.00	0.51
流動資產	112,832,696.00	61.75
基金及投資		
備供出售金融資產－非流動	7,068,339.00	3.87
以成本衡量之金融資產－非流動	107,579.00	0.06
採權益法之長期股權投資	58,384,558.00	31.95
基金及投資	65,560,476.00	35.88
固定資產		
成本		
土地	981,191.00	0.54
房屋及建築	2,312,270.00	1.27
試驗設備	379,407.00	0.21
其他設備	943,706.00	0.52
固定資產成本合計	4,616,574.00	2.53
累積折舊	-948,816.00	-0.52
未完工程及預付設備款	270,053.00	0.15
固定資產淨額	3,937,811.00	2.15
無形資產		
電腦軟體成本	123,425.00	0.07
無形資產合計	123,425.00	0.07
其他資產		
出租資產	95,988.00	0.05
存出保證金	161,799.00	0.09
遞延費用	25,717.00	0.01
其他資產－其他	0.00	0
其他資產合計	283,504.00	0.16
資產總計	182,737,912.00	100

Unit **8-8**
資本結構之比率分析 Part 2

圖解財務報表分析

（五）負債對總資產比率（Debt to Total Assets）

本比率簡稱負債比率（Debt Ratio），顯示總資產中債權人所提供資金的比重，以及一旦企業週轉不靈、債權人所受的保障情形。公式為：

$$\frac{總負債}{總資產} = \frac{119,220,723}{194,969,828} = 61.15\%$$

（六）流動資產對總負債比率（Current Assets to Total Debts）

用以衡量企業在不變賣固定資產的情況下償還債務的能力。一般企業固定資產的變現性較低，而且變賣時常發生損失，所以本比率的計算十分重要。如比值小，則債權人（尤其是短期債權人）的債權安全性勢必降低。公式為：

$$\frac{流動資產}{負債總額} = \frac{103,346,394}{119,220,723} = 86.68\%$$

（七）流動負債對總負債比率（Current Liabilities to Total Debts）

顯示企業仰賴銀行或短期債權人融資的程度，以及流動負債在總負債中的比重。公式為：

$$\frac{流動負債}{總負債} = \frac{93,098,743}{119,220,723} = 78.09\%$$

（八）股東權益對固定資產比率（Equity to Fixed Assets）

表示股東權益和固定資產淨額間的關係。公式為：

$$\frac{股東權益}{固定資產淨額} = \frac{75,749,105}{1,614,247} = 46.93\%$$

資本結構比率分析之目的

小博士解說

藉由資本結構比率分析，從而得知資本結構之間勾稽關係是否匹配合理；財務槓桿與企業財務風險和經營槓桿與經營風險是否協調；所有者權益內部結構與企業未來融資需求是否具有戰略性；各種資本結構有無人為操縱現象等。從損益表可以看出各種不同收益對淨利的貢獻大小和消長程度，包括收入結構、成本結構、費用結構、稅務支出結構、利潤結構和利潤分配結構等。雖然說世界上沒有公認的財務結構標準，但是一些有意無意遵循的規律性東西，還是對識別和防範財務結構風險有一定幫助。

華碩電腦股份有限公司100年資產負債表釋例(續表)

單位：新臺幣千元　　　　　華碩電腦股份有限公司
資產負債表
100年12月31日

會計科目	金額	百分比
流動負債		
公平價值變動列入損益之金融負債－流動	32,695.00	0.02
應付票據	2,485.00	0
應付帳款	37,096,467.00	20.3
應付帳款－關係人	9,068,411.00	4.96
應付所得稅	1,612,235.00	0.88
應付費用	13,244,609.00	7.25
預收款項	573,677.00	0.31
一年或一營業週期內到期長期負債	0.00	0
其他流動負債	59,295.00	0.03
流動負債	61,689,874.00	33.76
長期負債		
各項準備		
其他負債		
採權益法長期股權投資貸餘	3,279,112.00	1.79
遞延所得稅	2,808,698.00	1.54
其他負債－其他	11,978.00	0.01
其他負債合計	6,099,788.00	3.34
負債總計	67,789,662.00	37.1
股東權益		
股本		
普通股股本	7,527,603.00	4.12
資本公積		
資本公積－發行溢價	4,284,888.00	2.34
資本公積－其他	377,667.00	0.21
資本公積合計	4,662,555.00	2.55
保留盈餘		
法定盈餘公積	21,806,955.00	11.93
未提撥保留盈餘	77,293,325.00	42.3
保留盈餘合計	99,100,280.00	54.23
股東權益其他調整項目合計		
累積換算調整數	715,457.00	0.39
未認列為退休金成本之淨損失	122.00	0
金融商品之未實現損益	1,514,23.00	0.83
未實現重估增值	73,526.00	0.04
其他股東權益調整項目	1,354,470.00	0.74
股東權益其他調整項目合計	3,657,812.00	2
股東權益總計	114,948,250.00	62.9
母公司暨子公司所持有之母公司庫藏股數	0	0
預收股款(股東權益項下)之約當發行股數	0	0

第 9 章

投資報酬率與資產運用效率分析

●●●●●●●●●●●●●●●●●●●●●●● 章節體系架構 ▼

Unit 9-1
投資報酬率 Part 1

　　企業經營的主要目的在追求利潤，而如何看出企業所投入的資本，是否有獲得合理的報酬，可藉由評估企業之投資報酬率來分析。另一方面，企業在有效運用各項資源後，才能創造出利潤，而銷貨或營業收入是企業獲得利潤的主要來源，藉由分析收入與各項資源的比率關係來評估企業運用各項資源的效率，即所謂的資產運用效率分析。投資報酬率與資產運用效率分析，是以收益或利潤與資產負債表中若干項目之關係來做分析。最後會討論到獲利能力分析，是藉著分析損益表上其他項目間之關係，來瞭解企業產生利潤的能力。

一、投資報酬率

　　投資報酬率是衡量一企業所投入之資本獲得多少報酬或利潤，可看出經營績效與獲利能力，而報酬之高低通常與風險之大小成正向關係，即高報酬、高風險；低報酬、低風險，投資者需在風險與報酬之間做取捨。而高報酬、高風險的公司，如一些科技產業的公司；低報酬、低風險的公司像是便利商店，如統一、全家或是傳統產業中鋼等，每年有穩定配發股利。

 投資報酬率之一般公式：報酬（淨利）/ 投資

　　上述之投資報酬率可分別從總資產、長期資金及股東權益之角度分析，茲分別說明如下：

138

（一）總資產報酬率

　　總資產報酬率是指企業每一元的資產所獲得之利潤，顯示是否能有效運用資產，使其獲得合理報酬。公式如下：

 總資產報酬率＝（稅前淨利＋利息費用）/ 平均總資產

　　上式由於購買總資產的資金來源是來自股東與債權人，因此分子之報酬應包括債權人所獲得之報酬，故將債權人獲得之利息費用加回較為合理。另一方面也有使用稅後淨利的觀點來計算，需把利息費用改為稅後金額，是將所得稅影響後之結果一併考慮，公式如下：

 總資產報酬率＝ [稅後淨利＋利息費用（1－所得稅率）] / 平均總資產

　　使用合併報表時，還需考慮「少數股權淨利」，因為少數股權淨利在合併損益表中視為費用，而合併資產負債表中之總資產包含了子公司的全部資產，在計算時需加回。公式如下：

 總資產報酬率＝ [稅後淨利＋利息費用（1－所得稅率）
　　　　　　　　＋子公司非控股權益淨利] / 平均總資產

投資報酬率 之一般公式：$\dfrac{\text{報酬（淨利）}}{\text{投資}}$

總資產報酬率

一般公式：$\dfrac{\text{稅前淨利＋利息費用}}{\text{平均總資產}}$

包含稅後淨利的觀點：$\dfrac{\text{稅後淨利＋利息費用（1－所得稅率）}}{\text{平均總資產}}$

考慮稅後及
非控股淨利：$\dfrac{\text{[稅後淨利＋利息費用（1－所得稅率）＋非控股權益淨利]}}{\text{平均總資產}}$

總資產報酬率的意義

1 表示企業全部資產獲取收益的水平，全面反映了企業的獲利能力和投入產出狀況。通過對該指標的深入分析，可以增強各方面對企業資產經營的關注，促進企業提高單位資產的收益水平。

2 一般情況下，企業可據此指標與市場資本利率進行比較，如果該指標大於市場利率則說明企業可以充分利用財務槓桿，進行負債經營，獲取盡可能多的收益。

3 該指標愈高，說明企業投入產出的水平愈好，企業的資產運營愈有效。

$$\dfrac{\text{稅前淨利＋利息費用}}{\text{平均總資產}} = \dfrac{\text{銷貨收入}}{\text{平均總資產}} \times \dfrac{\text{稅前淨利＋利息費用}}{\text{銷貨收入}}$$

$$= \text{總資產週轉率} \times \text{稅前息前獲利潤率}$$

由以上分解式可知，影響總資產報酬率因素可分為以下兩點：

1. 總資產週轉率，該指標作為反映企業運營能力的指標，可用於說明企業資產的運用效率，是企業資產經營效果的直接體現。

2. 息前稅前銷售利潤率，該指標反映了企業商品生產經營的營利能力，產品營利能力愈強，銷售利潤愈高。可見，資產經營營利能力受商品經營營利能力和資產營運效率兩方面影響。

Unit **9-2**

投資報酬率 Part 2

（二）長期資金報酬率

　　長期資金報酬率衡量企業運用長期資金所獲得之報酬，企業的長期資金是指長期負債與股東權益合計，此比率表達每投入一元之長期資金可獲得多少利潤，長期資金報酬率分子為稅後淨利、利息費用乘以（1－所得稅率）及子公司非控股權益淨利之和，而分母為平均長期負債及平均股東權益之和。

　　分母之長期資金包含長期負債，其分子之報酬應包含債權人所獲得之報酬，所以加回長期負債之利息，因債券利息是稅前金額，需乘以稅率轉為稅後金額與稅後淨利相加。若將長期資金報酬率與總資產報酬率相比較，可看出短期資金運用效率是否良好。

（三）股東權益報酬率

　　股東權益報酬是衡量企業自有資本之經營報酬，也就是股東每投入一元可獲得多少利潤。公式如下：

 股東權益報酬率＝稅前淨利（稅後淨利）／平均股東權益

　　分子採稅前淨利或稅後淨利之觀點皆有人使用。將股東權益報酬率與總資產報酬率相比，可顯示借入之負債是否適當；若與長期資金報酬率相比，可進一步顯示長期債務舉借是否得當。另一方面，企業如果有發行特別股，則可求算屬於普通股股東權益報酬率。公式如下：

　　（稅後）

 普通股股東權益報酬率＝（稅後淨利－特別股股利）／平均普通股股東權益

　　（稅前）

 普通股股東權益報酬率＝{稅前淨利－[特別股股利÷（1－所得稅率）]}／
平均普通股股東權益

　　由於特別股股利是屬於稅後盈餘之分配，在計算稅前普通股股東權益報酬率時，需將特別股股利除以（1－所得稅率）調回稅前金額。將普通股股東權益報酬率與股東權益報酬率相比，可看出特別股之發行是否適當。

　　以上數種投資報酬率之判斷通常是報酬率愈高愈佳，總資產報酬率愈高顯示在一定數額投資下報酬愈大；長期資金報酬率愈高顯示企業能有效運用長期資金；股東權益報酬率愈高顯示股東投資報酬愈大。

長期資金報酬

$$長期負債＝\frac{[稅後淨利＋長期負債利息（1－所得稅率）＋子公司少數股權淨利]}{平均長期負債＋平均股東權益}$$

股東權益報酬率

$$\frac{稅前淨利（稅後淨利）}{平均股東權益}$$

若公司有發行特別股

$$普通股股東權益報酬率＝\frac{稅後淨利－特別股股利}{平均普通股股東權益}（稅後）$$

$$普通股股東權益報酬率＝\frac{稅前淨利－[特別股股利÷（1－所得稅率）]}{平均普通股股東權益}（稅前）$$

股東權益報酬率之影響因素

總資產報酬率：淨資產是企業全部資產的一部分，因此，淨資產收益率必然受企業總資產報酬率的影響。在負債利息率和資本構成等條件不變的情況下，總資產報酬率愈高，淨資產收益率就愈高。

負債利息率：負債利息率之所以影響淨資產收益率，是因為在資本結構一定情況下，當負債利息率變動使總資產報酬率高於負債利息率時，將對淨資產收益率產生有利影響；反之，在總資產報酬率低於負債利息率時，將對淨資產收益率產生不利影響。

資本結構或負債與所有者權益之比：當總資產報酬率高於負債利息率時，提高負債與所有者權益之比，將使淨資產收益率提高；反之，降低負債與所有者權益之比，將使淨資產收益率降低。

所得稅率：因為淨資產收益率的分子是淨利潤即稅後利潤，因此，所得稅率的變動必然引起淨資產收益率的變動。通常，所得稅率提高，淨資產收益率下降；反之，則淨資產收益率上升。

Unit **9-3**
資產運用效率 Part 1

一、資產運用效率

企業購入各項資產，是希望對收入有貢獻，藉由判斷收入與各項資產之比例關係，衡量企業運用各項資產之效率高低，以下將說明幾項評估企業資產運用效率常用的指標：

（一）固定資產週轉率

> 固定資產週轉率＝營業收入淨額／平均固定資產

固定資產週轉率是用來衡量企業運用固定資產之效率高低，固定資產週轉率高時，顯示企業有效運用固定資產，且固定資產相對於營業收入比例較小，提列之折舊費用相對也較低，使企業之損益兩平點降低，有較低之營運槓桿程度，形成經營上有利的因素；固定資產週轉率低時，表示企業之設備陳舊或過度投資，而且固定資產偏高，提列的折舊費用也較大，使企業之損益兩平點提高，有較高之營運槓桿程度。

理論上，固定資產屬於長期性質，且固定資產的增加常是一次或少次整批性的大量購買。營收則通常以一個會計期間為計算基礎。故固定資產週轉率宜長期觀察，僅憑單一年度週轉率判斷有欠允當。

（二）總資產週轉率

> 總資產週轉率＝營業收入淨額／平均總資產

總資產週轉率是衡量企業運用總資產之效率高低及資產對營業收入之貢獻程度，總資產週轉率高時，表示企業對資產能有效運用；總資產週轉率低時，顯示資產運用效率不佳，可能有過多之閒置資產，應考慮縮減總資產之投資規模。評估總資產週轉率宜搭配總資產結構分析，否則容易被總資產週轉率的單一數字表象誤導。

（三）股東權益週轉率

> 股東權益週轉率＝營業收入淨額／平均股東權益

股東權益週轉率是企業不考慮外來資金下衡量自有資金之運用效率，即每一元之股東投資能產生多少營業收入。

	公式	比率過高	比率過低
固定資產週轉率	$\dfrac{營業收入淨額}{平均固定資產}$	顯示企業有效運用固定資產。	表示企業之設備陳舊或過度投資，而且固定資產偏高。
總資產週轉率	$\dfrac{營業收入淨額}{平均總資產}$	表示企業對資產能有效運用。	顯示資產運用效率不佳，可能有過多之閒置資產。
股東權益週轉率	$\dfrac{營業收入淨額}{平均股東權益}$	該比率愈高，說明所有者資產的運用效率高，營運能力強。	

營業槓桿(operating leverage)、營運槓桿度(degree of operating leverage)

$$營業槓桿度 = \frac{營業利益變動百分比}{營業收入變動百分比} = \frac{營業收入-變動成本}{營業利益}$$

營業槓桿又稱營運槓桿，指企業在生產經營中由於存在固定成本，而導致息前稅前利潤變動率大於產銷量變動率的規律。根據成本習性，在一定產銷量範圍內，產銷量的增加一般不會影響固定成本總額，但會使單位產品固定成本降低，從而提高單位產品利潤，並使利潤增長率大於產銷量增長率；反之，產銷量減少，會使單位產品固定成本升高，從而降低單位產品利潤，並使利潤下降率大於產銷量的下降率。

知識補充站　週轉天數

在前述中各週轉率之應用，亦可套用在各個會計科目中，如營收帳款週轉率、存貨週轉率等。在週轉率之應用上常被作為觀察該資產等之運用效率，而在週轉率之計算後，亦可對其進行期間之平減，即可求得週轉天數，如應收帳款週轉天數、存貨週轉天數等，則可分別對該週轉天數進行分析，如營收帳款週轉天數即可預測該企業之平均收款期限等。

Unit **9-4**
資產運用效率 Part 2

一、資產運用效率（續）

（四）營業收入對現金比率

> 營業收入對現金比率＝營業收入淨額／平均現金餘額

此比率顯示企業運用現金效率之高低，也顯示目前持有之現金是否能應付營業上之需要，以維持正常之營運週轉。營業收入對現金比率過高，表示現金餘額可能有不足之情況，如果沒有其他資金可供應用，最後可能造成財務混亂，甚至造成企業之流動性危機；營業收入對現金比率若過低時，表示企業有過量的閒置資金，未有效運用現金創造利潤，現金運用效率不佳。此比率之判定可參考同業平均水準，以對持有現金餘額作一適當選擇。

（五）營業收入對應收帳款比率

> 營業收入對應收帳款比率＝營業收入淨額／平均應收帳款

本比率用來衡量企業是否有過度擴張或緊縮信用之情形，進而評估企業的收款效率及客戶的償債能力。營業收入對應收帳款比率過高時，營收金額較大而應收帳款金額較小，採用賒銷之銷貨較少，顯示企業對信用之控制採保守之政策，採收縮信用之作法；營業收入對應收帳款比率過低時，企業銷貨大部分採用賒銷或客戶賒購尚未支付現金，顯示企業過度擴張信用或帳款收現效率低或客戶償債能力不佳，此比率之比較可與同業平均水準相比，以看出其適當性。

通常企業對應收帳款有一定之收款條件期間，若以10日與90日之收款期間來相比（如右頁表），一般來說客戶會傾向於期限快到期時才支付款項，因此有10日收款條件之企業，相對地應收帳款較低，而90日收款之企業，相對地應收帳款較高。

（六）營業收入對存貨比率

> 營業收入對存貨比率＝營業收入淨額／平均存貨

本比率用來衡量企業是否維持適當之存貨數量及存貨週轉速度，觀察存貨是否有過度囤積或陳舊過時的現象。營業收入對存貨比率過高，顯示存貨不足，可能失去銷售機會而造成損失；營業收入對存貨比率過低，顯示存貨過多或過時，對銷貨預測過度樂觀，存貨週轉率緩慢，使得銷貨與存貨沒有維持平衡的關係。

144

	公式	比率過高	比率過低
營業收入對現金比率	營業收入淨額 ／ 平均現金餘額	表示現金餘額可能有不足之情況,如果沒有其他資金可供應用,最後可能造成財務混亂,甚至造成企業之流動性危機。	表示企業有過量的閒置資金,未有效運用現金創造利潤,現金運用效率不佳。
營業收入對應收帳款比率	營業收入淨額 ／ 平均應收帳款	營收金額較大而應收帳款金額較小,採用賒銷之銷貨較少,顯示企業對信用之控制採保守之政策,採收縮信用之作法。	企業銷貨大部分採用賒銷或客戶賒購尚未支付現金,顯示企業過度擴張信用或帳款收現效率低或客戶償債能力不佳。
營業收入對存貨比率	營業收入淨額 ／ 平均存貨	顯示存貨不足,可能失去銷售機會而造成損失。	顯示存貨過多或過時,對銷貨預測過度樂觀,存貨週轉率緩慢,使得銷貨與存貨沒有維持平衡的關係。

營業收入對現金比率之釋例

	情況A	情況B	情況C
營業收入	$1,000,000	$1,000,000	$1,000,000
平均現金餘額	$100,000	$10,000	$500,000
營業收入對現金比率	10	100	2

左表情況B之比率偏高,現金餘額低,當企業需要現金,卻沒有其他資金可供挪用時,會導致現金短缺、資金週轉不靈;情況C比率偏低,現金餘額過多,未有效運用。

營業收入對應收帳款比率之釋例

	10日	90日
營業收入	1,000,000	1,000,000
平均應收帳款	100,000	500,000

Unit **9-5**
資產運用效率 Part 3

一、資產運用效率（續）

（七）營業收入對營運資金比率

> 營業收入對營運資金比率＝營業收入淨額／平均營運資金

　　本比率用來衡量企業運用營運資金之效率，營運資金是指流動資產減流動負債後之金額，企業之流動資產可供短期變現使用，但尚需支付流動負債，剩下之餘額可供營業使用，因此稱為營運資金。營業收入對營運資金比率偏高，顯示企業運用較少之營運資金，而獲得較高之收入，運用效率較高，不過若比率過高時可能也顯示流動資產減流動負債之金額太小，導致營運資金不足的危機；營業收入對營運資金比率偏低，則顯示營運資金過多並且未有效運用之現象。

二、投資報酬率分解式

（一）總資產報酬率分析（見Unit 9-1）

> 總資產報酬率　＝稅後淨利／平均總資產
> 　　　　　　　＝稅後淨利／營業收入淨額×營業收入淨額／平均總資產
> 　　　　　　　＝淨利率×總資產週轉率

　　上式中之稅後淨利，應指〔稅後淨利＋利息費用（1－所得稅率）〕，若稅後利息費用沒有非常重大可忽略不計，否則需加計利息費用的稅後金額。總資產報酬率為淨利率與總資產週轉率之相乘，可進一步分析淨利率之構成要素，當中稅後淨利包含收入、成本、費用，而總資產週轉率當中包含固定資產、流動資產、長期投資及其他資產的要素，可再深入探討總資產報酬率之高低受到哪些因素影響。

（二）股東權益報酬率分析

$$股東權益報酬率 = \frac{稅後淨利}{平均股東權益} = \frac{稅後淨利}{平均總資產} \times \frac{平均總資產}{平均股東權益}$$

$$= \frac{稅後淨利}{營業收入淨額} \times \frac{營業收入淨額}{平均總資產} \times \frac{平均總資產}{平均股東權益}$$

$$=淨利率×總資產週轉率×財務槓桿率$$

　　股東權益報酬率由淨利率、總資產週轉率及財務槓桿率組成，分別衡量一個企業的獲利能力、資產使用效率及資本結構，企業若想提高股東權益報酬率，可藉由提升總資產報酬率或利用財務槓桿效果使之提高。

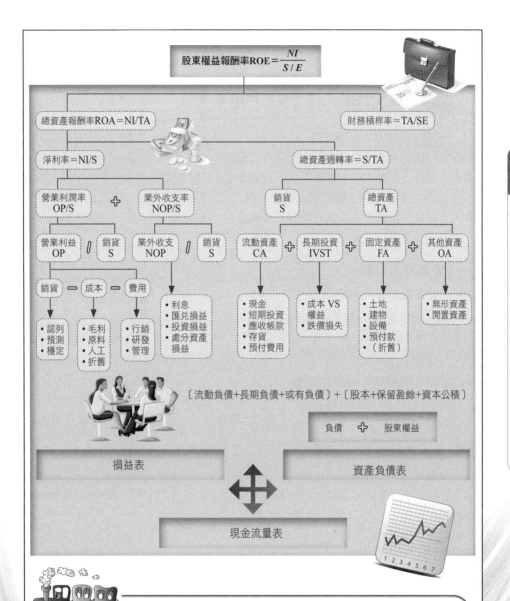

股東權益報酬率ROE＝$\dfrac{NI}{S/E}$

總資產報酬率ROA＝NI/TA

財務槓桿率＝TA/SE

淨利率＝NI/S

總資產週轉率＝S/TA

營業利潤率 OP/S ＋ 業外收支率 NOP/S

銷貨 S

總資產 TA

營業利益 OP ／ 銷貨 S

業外收支 NOP ／ 銷貨 S

流動資產 CA ＋ 長期投資 IVST ＋ 固定資產 FA ＋ 其他資產 OA

銷貨 － 成本 － 費用

・利息
・匯兌損益
・投資損益
・處分資產損益

・現金
・短期投資
・應收帳款
・存貨
・預付費用

・成本 VS 權益
・跌價損失

・土地
・建物
・設備
・預付款
・（折舊）

・無形資產
・閒置資產

銷貨 － 成本 － 費用

・認列
・預測
・穩定

・毛利
・原料
・人工
・折舊

・行銷
・研發
・管理

〔流動負債＋長期負債＋或有負債〕＋〔股本＋保留盈餘＋資本公積〕

負債 ＋ 股東權益

損益表

資產負債表

現金流量表

財務槓桿（Financial Leverage）
財務槓桿度（Degree of Financial Leverage）

財務槓桿度為在特定資本結構下，營業利益的變動對每股盈餘之影響，而在槓桿結構下，每股盈餘變動之百分比將會是營業利益變動百分比的數倍。亦即在財務槓桿的操作下，將外來資金比例提高，企業投資之獲利表現夠多，則投資報酬率將會遠優於企業資金來源單位自有資金之情況。財務槓桿度常在許多商業操作上使用，若當企業之負債比重高於股東資本時，則該企業即處於高度財務槓桿中，亦即其固定財務成本較高。並因擁有較高的利息費用，將對營業利益造成高度影響，進而影響每股盈餘之變動。

Unit **9-6**
獲利能力分析 Part 1

圖解財務報表分析

148

企業經營目的為獲取利潤，而損益表是表達企業在某一段期間的經營績效，由所獲得的盈餘可看出在償還資金提供者的報酬外，是否還能維持企業的繼續經營。獲利能力分析是藉由分析營業收入、營業成本、毛利變動及損益兩平等項目，以瞭解企業繼續經營的價值與償債能力，可供作為預測未來盈餘的基礎或是作為衡量管理人員績效之依據，不論對於投資人或債權人，在企業的獲利能力分析上都是一項重要的決策基礎。

一、營業收入分析

（一）營業收入來源分析

在一家公司所提供的產品或服務有時不只一種，尤其針對多角化經營的企業，營業收入應按來源別分析，也就是將收入按照產品別、部門別或顧客別加以區分，用以顯示各類別占總收入之比例。

（二）營業收入趨勢與穩定性分析

可藉趨勢分析觀察營業收入是否呈現成長或衰退，另一方面大環境的景氣好壞也會影響企業的營業收入，分析時應將同時期經濟情況及同業經營情形納入考量。

二、銷貨成本與毛利分析

銷貨收入扣除銷貨成本為銷貨毛利，因此影響毛利的變化原因主要來自兩方面，分別是收入面與成本面之數量與價格的差異所造成，另外在多種產品上還有銷售組合的差異。

三、營業費用分析

營業費用之分析工具通常採垂直、水平、比率分析，可編制共同比損益表，顯示各項費用占營業收入淨額之百分比，也可採用趨勢分析，針對各項費用之各年度變動趨勢做比較，也可採用下列數種重要比率做分析（見Unit 9-7）。

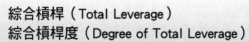

綜合槓桿（Total Leverage）
綜合槓桿度（Degree of Total Leverage）

綜合槓桿度為綜合營業槓桿度及財務槓桿度，為調和企業之營業風險及財務風險之指標，即高度之營業風險可能由較低之財務風險作為緩減，並從中偵測企業之整體營運風險及槓桿作用。故此槓桿度之目的可謂為於企業經營上計算出最優之整體風險，進而做出穩健之財務管理決策。

營業收入趨勢與穩定性分析之釋例

營業收入之趨勢分析如下表，可看出營業收入有逐年上升的趨勢，不過C產品的營收卻呈現逐年下降的趨勢，是值得較注意的一點。

產品別	96 金額	96 基期	97 金額	97 相較於基期之比例	98 金額	98 相較於基期之比例
A產品	43,000	100%	41,000	95%	46,000	107%
B產品	20,000	100%	24,000	120%	26,000	130%
C產品	30,000	100%	29,000	97%	25,000	83%
營收合計	93,000	100%	94,000	101%	97,000	104%

影響銷貨毛利變動的組成因素如下面兩圖

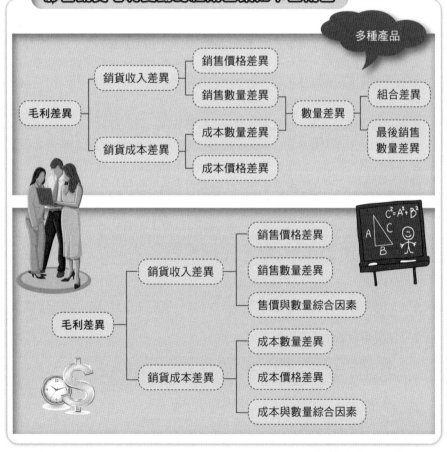

Unit **9-7**
獲利能力分析 Part 2

三、營業費用分析（續）

（一）營業費用比率

> **營業費用比率＝營業費用 / 營業收入**

　　衡量每一元營業收入中費用占多少，顯示企業控制費用是否得宜。通常營業費用包含管理費用、銷售費用及研究發展費用，分析營業費用是否控制得當，又可從這三方面來加以探討。

1. 管理費用比率＝管理費用 / 營業收入

　　管理費用較屬於固定性開銷，通常此比率是愈低愈好，可比較該公司各年度的比率或與一般同業水準相比。

2. 銷售費用比率＝銷售費用 / 營業收入

　　銷售費用對於某些公司而言大多屬於佣金性質，其變動性較大，但是對某些公司也許是固定支出費用，也可能包含一些廣告等促銷費用。對銷售費用比率而言，此比率愈低雖可顯示該項支出效率愈高，但也可能是忽略了行銷上的努力。可比較各年度的銷售費用比率，以瞭解其變動情形。

3. 研究發展費用比率＝研究發展費用 / 營業收入

　　研究發展費用比率雖然對當期獲利能力沒有明確的影響，可是對於未來經營成果之評估具有重大影響，但是所投入之支出卻又無法保證一定會有成果，針對此比率可比較不同期間之變化或與同業相比，判斷研究發展費用是否合理。

（二）營業比率

> **營業比率＝（銷貨成本＋營業費用）/ 營業收入**

　　衡量營業收入當中營業支出占多少比例，若營業比率過高，顯示成本與費用過高，相對的營業淨利較低，企業的獲利能力不佳，對於成本與費用之控管不當。

（三）折舊費用對固定資產比率

> **折舊費用對固定資產比率＝折舊費用 / 折舊性資產**

　　此比率可判斷企業固定資產之平均折舊率，進而評估所提列之折舊是否足夠，以及管理當局有無運用折舊費用來操縱盈餘的情形。

銷貨成本與毛利分析釋例(Unit 9-6)

1. 銷貨收入差異分析

銷售價格差異＝(去年數量)*(當年售價－去年售價)＝100*(6.3－6.5)＝－20(不利)

銷售數量差異＝(去年售價)*(當年數量－去年數量)＝6.5*(110－100)＝65(有利)

售價與數量綜合因素＝(當年售價－去年售價)*(當年數量－去年數量)＝(6.3－6.5)*(110－100)＝－2(不利)

差異加總＝(－20)＋65＋(－2)＝43(＝銷貨收入變動：693－650＝43)

	2008年	2009年
銷貨收入(百萬元)	650	693
銷貨成本(百萬元)	440	473
銷貨毛利(百萬元)	210	220
銷售數量(千件)	100	110
單位售價(千元)	6.5	6.3
單位成本(千元)	4.4	4.3
單位毛利(千元)	2.1	2.0

2. 銷貨成本差異分析

成本價格差異＝(去年數量)*(當年成本－去年成本)＝100*(4.3－4.4)＝－10(不利)

成本數量差異＝(去年成本)*(當年數量－去年數量)＝4.4*(110－100)＝44(有利)

成本與數量綜合因素＝(當年成本－去年成本)*(當年數量－去年數量)＝(4.3－4.4)*(110－100)＝－1(不利)

差異加總＝(－10)＋44＋(－1)＝33(＝銷貨成本變動：473－440＝33)

3. 毛利差異＝銷貨收入差異－銷貨成本差異＝43－33＝10

	公式		公式
營業費用比率	$\dfrac{營業費用}{營業收入}$	研究發展費用比率	$\dfrac{研究發展費用}{營業收入}$
管理費用比率	$\dfrac{管理費用}{營業收入}$	營業比率	$\dfrac{銷貨成本＋營業費用}{營業收入}$
銷售費用比率	$\dfrac{銷售費用}{營業收入}$	折舊費用對固定資產比率	$\dfrac{折舊費用}{折舊性資產}$

Unit 9-8
獲利能力分析 Part 3

（四）利息費用比率

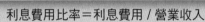

利息費用比率＝利息費用／營業收入

可判斷企業之利息費用負擔是否過於沉重，若利息費用比率過高顯示企業賺得之收入大多拿來支應利息支出，相對的獲利能力也較低。

另一方面，為評估企業債務舉借之資金成本是否合理，可用下列公式計算債務之利率是否恰當：

舉借債務平均利率＝利息費用／平均付息債務餘額

可運用在比較不同期間或不同企業之資金成本，以判斷企業舉借債務之利率的合理性。

四、營業利益分析

（一）比率分析

1. 營業淨利率＝營業淨利／營業收入

顯示企業在主要營業活動中其獲利能力的表現，通常此比率愈高愈好，顯示企業在本業之經營績效良好及獲利能力高。

2. 稅前淨利率＝稅前淨利／營業收入

　　稅後淨利率＝稅後淨利／營業收入

上述兩個比率之稅前淨利與稅後淨利之差別為所得稅費用，都是用來衡量企業之獲利能力與成本、費用之控管是否得宜。

（二）損益兩平分析

1. 方程式法

總收入等於總成本之銷售數量，也就是營業淨利＝0，方程式如下：

銷貨收入＝變動成本＋固定成本
售價 × 數量 ＝（每單位變動成本 × 數量）＋固定成本
售價 × 數量 －（每單位變動成本 × 數量）＝固定成本
數量 ＝ 固定成本／（售價－每單位變動成本）

2. 圖解法（見右頁圖）

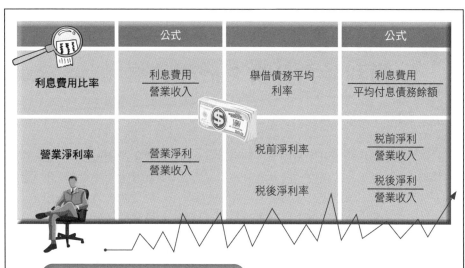

	公式		公式
利息費用比率	$\dfrac{利息費用}{營業收入}$	舉借債務平均利率	$\dfrac{利息費用}{平均付息債務餘額}$
營業淨利率	$\dfrac{營業淨利}{營業收入}$	稅前淨利率	$\dfrac{稅前淨利}{營業收入}$
		稅後淨利率	$\dfrac{稅後淨利}{營業收入}$

損益兩平分析──圖解法

在損益兩平點時總收入等於總成本,因此在Q*的右方,收入大於成本才會有利潤,反之在Q*左方則產生損失。

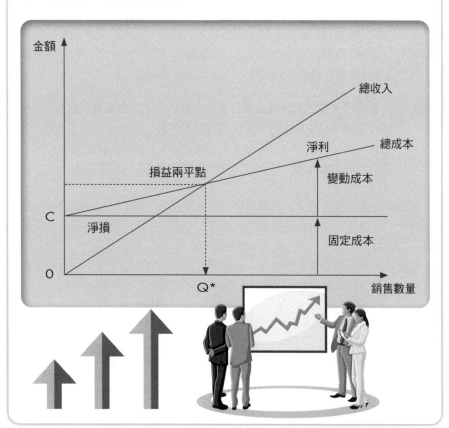

Unit **9-9**
獲利能力分析 Part 4

（二）損益兩平分析（續）

3. 邊際貢獻法

邊際貢獻是指售價減變動成本，是指在回收固定成本後，還有多少是屬於營業利潤的部分，在第一式當中，損益兩平銷售量是指營業利潤等於零的情況下，因此分子是固定成本，也就是在僅回收固定成本的情況下，需要多少的銷售數量才能打平。在第二式當中，單位邊際貢獻率＝單位邊際貢獻金額/單位售價，指邊際貢獻占售價的百分比，可求出損益兩平銷售金額，而非銷售數量。

> 損益兩平銷售量＝固定成本 / 單位邊際貢獻金額（第一式）
> 損益兩平銷售金額＝固定成本 / 單位邊際貢獻率（第二式）

4. 損益兩平分析的應用

安全邊際是指預計銷貨收入超過損益兩平點銷貨收入之部分，以數量表達時，則是預計銷售數量超過損益兩平點的銷售數量之部分。企業營業利潤不只是要回收固定成本，還要賺取額外的利潤才能維持企業繼續經營，因此在目標利潤下需達成多少的銷售額及數量，對管理人員是一項重要的參考項目。

> 安全邊際＝實際銷售數量或金額－損益兩平之銷售數量或金額
> 安全邊際率＝安全邊際 / 實際銷貨量或金額
> 目標利潤銷售量＝（固定成本＋目標利潤）/ 邊際貢獻金額
> 目標利潤銷售金額＝（固定成本＋目標利潤）/ 邊際貢獻率

安全邊際量或安全邊際額的數值愈大，企業發生虧損的可能性就愈小，企業也就愈安全。很顯然上述指標屬於絕對數指標，不便於不同企業和不同行業之間進行比較。

同樣地，安全邊際率數值愈大，企業發生虧損的可能性就愈小，說明企業的業務經營也就愈安全。西方企業評價安全程度的經驗標準，如下表所示。

企業安全性經驗標準

安全邊際率	10%以下	11%-20%	21%-30%	31%-40%	41%以上
安全程度	危　險	值得注意	比較安全	安　全	很安全

損益兩平銷售量公式

$$損益兩平銷售量 = \frac{固定成本}{單位邊際貢獻金額} \quad (第一式)$$

$$損益兩平銷售金額 = \frac{固定成本}{單位邊際貢獻率} \quad (第二式)$$

損益兩平分析的應用公式

$$安全邊際 = 實際銷售數量或金額 - 損益兩平之銷售數量或金額$$

$$安全邊際率 = \frac{安全邊際}{實際銷貨量或金額}$$

$$目標利潤銷售量 = \frac{(固定成本+目標利潤)}{單位邊際貢獻金額}$$

$$目標利潤銷售金額 = \frac{(固定成本+目標利潤)}{邊際貢獻率}$$

損益兩平分析的應用釋例

東南公司98年度損益表資料如下：

項　目	金額	百分比
銷貨收入 (單位售價$5)	60,000	100%
變動成本 (單位變動成本$3)	(36,000)	(60%)
邊際貢獻	24,000	40%
固定成本	(20,000)	(33%)
營業淨利	4,000	7%

(1)損益兩平銷售量=20,000/2=10,000單位
(2)銷售金額=20,000/〔(5-3)/5〕=50,000元
(3)安全邊際量=(60,000/5)-10,000=2,000單位
(4)安全邊際量金額=60,000-50,000=10,000元
(5)安全邊際率=2,000/12,000=16.66%
　　(或10,000/60,000=16.66%)
(6)假設98年度利潤目標定為5,000，則最少的銷售量
　　=(20,000+5,000)/2=12,500單位

第 10 章

公司評價

●●●●●●●●●●●●●●●●●●●●●●●●●● 章節體系架構 ▼

Unit 10-1

公司評價模型的介紹 Part 1

　　一般來說，公司的價值除了有形資產外，還應該包括無形資產。但目前財務報表上所看到的都是對於有實體存在的資產或是研發成功的智慧財產權、專利權等評價，至於無法量化或是缺乏公正客觀的評價則排除在外。高科技產業的公司其每股市價與每股淨值比時常大於1的原因就在於此，因為有許多公司的無形價值衡量受限於財務會計準則的規定，而時常受到低估，除非該公司逐年呈現虧損的狀況，其每股市價與每股淨值比才會小於1。相對的，傳統產業公司其每股市價與每股淨值比時常接近1，因為傳統產業較少有研發支出，相較之下就較少有無形資產價值低估的問題。

　　資產的價值跟他的交易方式有密切的關聯性，若是能在公開市場交易買賣的資產，其流動性較高，則資產再出售的折價程度就會愈小。若是該項資產只能以私募的方式或洽特定人交易的方式進行，則該項資產再出售時折價幅度會較大，資產價值就會變得較低。

公司評價模型的介紹

　　公司評價的過程有一套完整的作業程序，先從蒐集公司的相關資訊著手，接下來分析與評估公司資訊，這當中以建立與選擇評價模式以及選擇分析技術是最重要的。最後分析資訊的目的，是為了要將公司對於未來的經營環境展望，轉換為預估的財務績效，再將財務績效轉換成公司價值。

　　公司經營環境可從分析公司未來銷售成長率、產品單價是否大幅滑落、產業前景、資本支出金額等進行。總體經濟情況分析後，接下來看公司在產業的地位，並且依先前總體經濟預測的結果，估計出該產業以及公司的銷售成長。產業結構中各廠商的競爭優勢（Strength）和劣勢（Weakness）以及競爭條件和利基，都應一併考量，最後得出本公司未來的銷售成長。

　　每家公司都有其獨特的經營環境、產業發展，所以設計評價模型會因各公司或市場狀況而有所不同。評估一家公司的價值，其方法有以下幾種：

　　1. 現金流量折現法
　　2. 超額報酬折現法
　　3. 價格乘數評價法
　　4. 每股帳面價值
　　5. 每股盈餘

　　上述五種方法，將在以下章節做介紹。

整體評價流程

總體分析

估計模型參數

產業分析

企業分析

公司評價

根據企業評價目的，選擇若干指標，建立綜合評價指標體系。

分析比較結果，擬出適當之因應對策。

針對指標體系要求，對所需資料進行基本的蒐集及整理。

套入針對公司設立之模型，產生可比較性之數值。

確定模型中之各項權數，確保其可靠性，並將資料進行同度量處理。

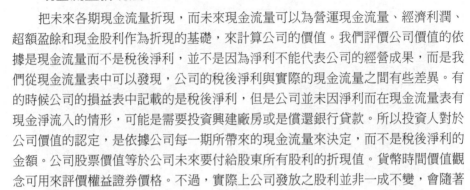

Unit **10-2**
公司評價模型的介紹 Part 2

一、現金流量折現法

　　把未來各期現金流量折現，而未來現金流量可以為營運現金流量、經濟利潤、超額盈餘和現金股利作為折現的基礎，來計算公司的價值。我們評價公司價值的依據是現金流量而不是稅後淨利，並不是因為淨利不能代表公司的經營成果，而是我們從現金流量表中可以發現，公司的稅後淨利與實際的現金流量之間有些差異。有的時候公司的損益表中記載的是稅後淨利，但是公司並未因淨利而在現金流量表有現金淨流入的情形，可能是需要投資興建廠房或是償還銀行貸款。所以投資人對於公司價值的認定，是依據公司每一期所帶來的現金流量來決定，而不是稅後淨利的金額。公司股票價值等於公司未來要付給股東所有股利的折現值。貨幣時間價值觀念可用來評價權益證券價格。不過，實際上公司發放之股利並非一成不變，會隨著公司的成長而隨時間增加。

　　雖然股利折現模型易於使用，但是對於公司正當處於營運高成長期間通常不付股利，而是將淨利再投資在營運上，則此類型的公司並不是沒有價值。所以當使用折現模式估計公司價值時，所依據的是公司成長穩定後的股利水準。

二、超額報酬折現法

　　這個方法也是屬於現金流量折現法的一種。公司價值取決於公司是否能賺得超額報酬。企業在賺取正的超額報酬的前提下，公司的市場價值才會大於帳面價值。而公司的正常報酬是以正常報酬率乘上公司的期初帳面價值。公司的價值為公司在某一時點的帳面價值加上未來超額盈餘的折現值。

　　依照產品生命週期，公司新開發的產品通常會先步入成長期，在成長期時競爭者少，所以公司得享有超額報酬。之後生產廠商的家數逐漸增加，使得公司的超額報酬無法繼續維持，而趨向正常報酬，這個時候公司處於成熟期。公司的營運也會受景氣循環影響，而有時成長或有時衰退，呈現非固定成長類型，因此若計算非固定成長率股利率折現模型，則可分為三階段來計算：

　　1. 先計算超額報酬期間之折現值
　　2. 計算正常報酬期間之折現值
　　3. 加總額報酬期間與正常報酬期間之折現值

現金流量折現法及超額報酬折現法釋例

(一) 假設預期未來每期可收到固定的股利收入D，及預期報酬率 r，則將股利收入折現，可獲得公司的股票價格，以下列式子表示：

$$P = \frac{D}{(1+r)} + \frac{D}{(1+r)^2} + \cdots + \frac{D}{(1+r)^n} + \cdots = \sum_{t=1}^{\infty} \frac{D}{(1+r)^t}$$

例如：華碩於未來三年發放的現金股利分別為\$3、\$4、\$5，三年後華碩的市價為\$65，假設折現率為10%，則目前華碩的價值應該為多少？

解：$P = \frac{\$3}{(1+10\%)} + \frac{\$4}{(1+10\%)^2} + \frac{\$5}{(1+10\%)^3} + \frac{\$65}{(1+10\%)^3} = \$58.62$

若假設公司的股利成長率 g 為固定，屬於固定成長模式（Constant Growth Model）。因此，公司目前的股價可以以下式表示：

$$P = \frac{D(1+g)}{(1+r)} + \frac{D(1+g)^2}{(1+r)^2} + \cdots + \frac{D(1+g)^{n-1}}{(1+r)^{n-1}} + \cdots + \frac{D(1+g)^n}{(1+r)^n} = \frac{\frac{D(1+g)}{(1+r)}}{1 - \frac{(1+g)}{(1+r)}} = \frac{D(1+g)}{(r-g)}$$

例如：華碩每年發放現金股利3元，公司的成長率為7%，折現率維持在12%，則股價為何？

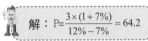

解：$P = \frac{3 \times (1+7\%)}{12\% - 7\%} = 64.2$

(二) 計算非固定成長率股利率折現模型，則可分為三階段來計算：

1.先計算超額報酬期間之折現值

解：$D_{e,1} = D \times (1 \times g_1)$

$D_{e,2} = D_{e,1} \times (1 \times g_2) = D \times (1 \times g_1) \times (1 \times g_2)$

$D_{e,n} = D \times (1 \times g_1) \times (1 \times g_2) \times \ldots \times (1 \times g_{n-1}) \times (1 \times g_n)$

$PV_s = \sum_{t=1}^{n} \frac{D_{e,t}}{(1+r)^t} = \frac{D_{e,1}}{(1+r)} + \frac{D_{e,2}}{(1+r)^2} + \cdots + \frac{D_{e,n-1}}{(1+r)^{n-1}} + \frac{D_{e,n}}{(1+r)^n}$

（◎PV表示在該期間股利之折現值總合）

2.計算正常報酬期間之折現值

從第n期視為正常報酬折現之起點，即計算第n期之股價為

$P_n = \frac{D(1+g_c)}{r - g_c}$

$PV_c = P_0 = \frac{D(1+g_c)}{r - g_c} \times \frac{1}{(1+r)^t} = \frac{D(1+g_c)}{(1+r)^n(r-g_c)}$ （將股價折現至第0期）

3.加總額報酬期間與正常報酬期間之折現值

$P = PV_s + PV_c = \sum_{t=1}^{n} \frac{D_{e,t}}{(1+r)^t} + \frac{D(1+g_c)}{(1+r)^n(r-g_c)}$ （P表示公司的價值）

Unit **10-3**
公司評價模型的介紹 Part 3

三、價格乘數評價法

前面所介紹的現金流量折現法和超額報酬折現法，都必須對未來的現金流量做預估。因為未來的績效表現對於公司目前的價值有直接的關係。而價格乘數評價法則是以對照同公司的價格乘數為基礎，來評估公司的價值。此類評價方法包括：本益比法（P/E ratio）、市價對帳面價值比法（P/B ratio）、市價對銷貨收入比法（P/S ratio）。價格乘數評價法只要是必須在產業中找到相似的公司，計算乘數，例如本益比或是市價對帳面價值比等，然後再將乘數應用到公司，以計算出參考的公司價值。當然這個方法看起來似乎比前面兩種方法簡單，但是在產業中找到相似的公司在比較可不是那麼容易，以及相似公司的乘數是否完全適合本公司，也是個值得深思的問題。

所謂價格乘數，是以價格除以某項基礎，而這個基礎應該要選擇未來績效表現而不是過去的績效表現，因為公司的價值絕大部分是反映於未來的績效表現，只有連連虧損的企業，未來前景一片黯淡，是好是壞還是未知數，所以評價這類公司較常以過去的績效表現為基礎或者是歷史資料可作為未來指標時，才可利用歷史資料。

（一）本益比法（P/E ratio）

股價除以每股盈餘（EPS），以股價代表投資人的投資成本，每股盈餘代表獲利能力表現，本益比與預期公司未來的盈餘呈正比，也就是說預期未來獲利能力有大幅的成長，公司可享有較高的本益比，不過臺灣一些大企業的本益比都較高，因為大公司的財務較透明化，例如華碩。也有些小企業的本益比較高，因為公司的股本較小，而預期未來獲利有爆發性的成長。本益比的倒數，形同投資報酬率的概念；也就是說，投資人若想享有多少的投資報酬率，就必須考量本益比的高低，例如華碩每股盈餘4元，公司股價一股60元，此時本益比15，投資人這時買進華碩的股票，預期可享有6.67％的投資報酬率。

本益比評價法的前提假設是股價應反映每股盈餘；每股盈餘愈高的企業股票，股價也應愈高；因此，本益比反映的是股價相對於每股盈餘是否太貴或太便宜的指標，呈現虧損的公司就無法以本益比法評價。在採用本益比法評價公司時，不用事先假設風險、公司的成長率及股息分配率，就可以直接進行評價，是受到一般投資人喜愛的原因。不過在採用本益比法同時，最好可以把同產業的相似公司也拿來直接做比較，看公司的股價是否受到高估或低估的情形，或者是計算出該產業的平均本益比。

**價格乘數
評價法**

1. 本益比法

2. 市價對帳面價值比法

3. 市價對銷貨收入比法

高低　　　　　　　　　　　　　　　　　**意義**

高本益比
(通常為高於20:1)

1. 通常為穩定成長，且反映投資者對企業的信任且前景看好。
2. 代表投資者願意用更高價格買入股票，但也有可能是利空的情形，股票價值被高估。
3. 股票價格有可能劇烈的波動。

低本益比
(通常為低於10:1)

1. 通常為發展成熟、發展潛力不大之公司，也有可能係反映公司財務穩定性及安全性有疑慮之公司。
2. 有投資者認為，低本益比的企業有可能會出現反彈之力量，為買進之時機。

道瓊指數

道瓊最早是在1884年由道瓊公司的創始人查理斯·道開始編制的，他把這個指數作為測量美國股票市場上工業構成的發展。其最初的**道瓊股價平均指數**是根據11種具有代表性的鐵路公司的股票，採用算數平均法進行計算編制而成，發表在查理斯·道自己編輯出版的《每日通訊》上。其計算公式為：

$$股票價格平均數 = \frac{入選股票價格之和}{入選股票之數量}$$

　　道瓊股票價格平均指數最初的計算方法是用簡單算式平均法求得，當遇到股票除權除息時，股票指數將發生不連續的現象，1928年後，道瓊股票價格平均指數就改用新的計算方法，即在股票除權除息時採用連續技術，以保證股票指數的連續，從而使股票指數得到完善。

Unit 10-4
公司評價模型的介紹 Part 4

（一）本益比法（P/E ratio）（續）

　　而每股盈餘小於1的公司，以本益比來評價會有反效果，因為計算的結果會有擴散效果（例如，股價10元，而每股盈餘0.2元的股票，本益比卻高達50倍，會讓投資人覺得該公司的股價是否太高的誤解）。本益比法不應只考量目前盈餘，最好還考量未來盈餘成長率，因為公司的價值反映未來的表現。也可透過公司享有的本益比高低，來評估該企業未來是否有超額報酬。像是上市公司宏達電，單以過去的每股盈餘來評估該公司的本益比，會覺得本益比很高，若是從宏達電的每股盈餘進行分析會發現，呈倍數的增加。本益比法也可用來作為尋找高成長公司的一種方法，所以淨利變動時常會造成本益比大幅波動，尤其是在景氣循環類股最為明顯。景氣循環公司盈餘與景氣循環有關，但股價反映的是對未來的預期，所以當來到景氣谷底時，公司的本益比未必會是最低，因為未來的景氣一定會比現在好，公司賺的錢也一定會比現在多。而當景氣處於繁榮時，本益比也未必會是最大。

（二）市價對帳面價值比法（P/B ratio）

　　相較於現金流量折現法，這個方法較為簡化。即使公司發生虧損時，無法採用本益比衡量，但仍可採用市價對帳面價值比。資產負債表中的固定資產有一項特性：採用原始成本列帳。所以年代愈久的固定資產其帳面價值愈低，無法以市價列帳。如果這項固定資產是土地，則該筆土地的價值應該比帳面價值高出許多。資產的市價反映的是盈餘能力和預期現金流量。兩家公司：一家有高的市價對帳面價值比，而另一家則較低，主要的因素視該公司是否有高的股東權益報酬率（ROE）而定。若公司的股東權益報酬率與市價對帳面價值比無法吻合時，呈現低P/B且高ROE時，或高P/B且低ROE時，表示該公司的股價可能遭到低估或高估。

（三）市價對銷貨收入比法（P/S ratio）

　　價格對銷貨收入比可視為本益比（P/E）與稅後淨利率（Net Income/S）。擁有高淨利率的公司，每一元的銷貨收入內含較高的利潤。例如，IC設計公司的P/S較晶圓代工高，因為IC設計公司的毛利率和淨利率較高的緣故。以公司淨利率的角度，間接估計公司的價值，並隱含假設銷售額愈大，則公司的獲利愈大，因此公司的股價也愈高。以銷貨收入來評估公司的淨利，還有一項原因是上市櫃公司每個月的10號必須公布上個月的銷貨收入，而獲利數字必須要等到季報、半年報和年報才公布。所以一般投資人可以搶先預估公司的獲利情形。但公司的淨利率有逐漸下降的趨勢時，則必須以毛利率為評估公司價值的指標。所以公司的毛利率對於公司的價值有很大的影響。

P/B \ ROE	高	低
高	正常	股價可能高估
低	股價可能低估	正常

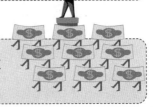

※每股淨值濃度高的公司，亦即每股淨值能夠與股價發生正相關的公司，其股東權益應該有下列特色：

1.股本適度膨脹甚至很節制，股利政策走的是中庸之道，不偏不倚。

2.保留盈餘餘額一定大於資本公積餘額。

3.沒有未實現長投跌價損失，及有條件的實施庫藏股。

市價對銷貨收入比法(P/S)之優缺點

優點

1.不像P/E和P/B比率般，會產生負值，以致無法運用。

2.銷貨收入較不易受到公司管理者操控。

3.P/S值的變動程度比P/E值的變動程度小，因此在作評價時，此評價比率的信賴度較高。

4.P/S法對於公司定價決策及營運策略的改變，所產生的效果較能夠掌控。

缺點

當成本控管上的問題發生時，即使盈餘及其淨值已下滑，銷貨收入可能仍未往下走。

Unit 10-5
公司評價模型的介紹 Part 5

（三）市價對銷貨收入比法（P/S ratio）（續）

如果公司為虧損時，以本益比法與市價對帳面價值比法來評估並無意義，採市價對銷貨收入比法則是可行的方法。有的時候公司的損益會受到存貨評價方法、折舊方法的選擇或是非常損益的影響，但是採用市價對銷貨收入比法則較為穩定。而採用市價對銷貨收入比法的缺點在於公司銷售的產品，當售價不變時，成本的控管出現問題，導致盈餘和每股帳面價值逐年下降，這個時候採用市價對銷貨收入比法則會忽略了此一現象。所以對於成本控管較差的公司，採用這個方法會發生誤導。

四、每股帳面價值

每股帳面價值代表每股普通股所享有的淨資產，也可解釋為，假如企業按資產負債表上所列示的帳面價值進行清算，每股普通股可以收回的現金數額。

計算公式如下：

> 每股帳面價值＝（總資產－總負債）÷流通在外普通股

五、每股盈餘（EPS）

每股盈餘代表公司之普通股在一會計年度中所賺得之盈餘。

計算公式如下：

> 每股盈餘＝（稅後淨利－特別股股利）÷普通股加權平均流通在外股數

166

市值

小博士解說

市值是公司流通在外股權或債權的市場價值，若以股權來說便是公司「每股市價流通在外股數」的金額。當公司股價上漲時，即使公司並未藉增資發行新股，其市值也會隨著增加；反之，股價下跌將使市值縮水。因此股權市值通常可作為評判公司經營價值的依據，在公司間以換股方式進行合併時，股權市值較低的公司在交換比例上就比較吃虧。

當公司股價走低時，市場人士便可以輕易地以較低成本買進流通在外的股數，待其持股比例增加後便增強其在股東會中的表決權力。一旦公司發行之股份大部分由市場人士把持，則公司的經營方向、投資計畫及各項資產交易行為都可能被其主宰，甚至還可以利用表決權重新改選公司的董監事，此時公司的經營權便可能出現易主情況。

每股帳面價值

優點

資料取得容易，且計算簡單客觀。

缺點

1. 可能因通貨膨脹因素，導致資產之歷史成本與市場價值偏離。

2. 不同之企業可能採用不同的會計方法，因此造成各公司帳面價值的差異，而無法進行公司間之比較。

3. 帳面價值為原始投資金額，無法顯示出因投資獲利使得資本實質價值較投資時增加的情形。

基本釋例

華碩97年度合併總資產為$594,696百萬元，合併總負債為$95,648百萬元，97年度流通在外普通股為25,625百萬股，試問華碩97年度之每股帳面價值為何？

解：每股帳面價值＝（$594,696－$95,648）÷25,625＝$19.48

各種每股盈餘之介紹

EPS又可分為**過去的每股盈餘（Trailing EPS）**及**預估每股盈餘（Forecasting EPS）**。若以本益比或EPS來衡量股價是否值得買進時，需特別留意你所用的EPS究竟是過去的每股盈餘，還是預估的每股盈餘，因為股價多數是反應未來，單純就過去的獲利來衡量未來股價的變化，容易以偏概全。透過公司歷年來的EPS波動程度，可以瞭解該公司的獲利是否會受到景氣循環嚴重影響。

充分稀釋每股盈餘（Fully Diluted Earnings Per Share）是指在複雜的資本結構下，基於穩健原則，考量最大可能的稀釋結果，所計算出來的普通股每股盈餘。它和基本每股盈餘最大的差異，是在它也納入具有稀釋作用的「非約當普通股」，只要是有稀釋作用的可轉換證券，像是國內可轉換公司債、海外可轉換公司債、員工股票選擇權等，都會包含於計算充分稀釋每股盈餘的分母項。

Unit 10-6
加權平均資金成本

加權平均資金成本（WACC）之介紹

在採用折現模型時，所採用的折現率，常用加權平均資金成本（Weighted Average Cost of Capital, WACC）。折現率類似經濟學中的機會成本的概念。把所有資金來源的機會成本予以平均，例如：長期借款、特別股、普通股權益。在計算加權平均成本時，是以稅後為基礎。而計算加權平均成本的權數時，以市場價值為評量的標準，每一項資金來源都採用市價，才能反映真正的經濟實質。

負債和權益占資金成本的權數是以各自的市場價值除以全部資金成本的市場價值。計算加權平均成本時向供應商進貨的應付帳款不用算入資金成本，所以負債的權值不能計入這一個部分。因為應付帳款的利息成本通常都已包含在產品售價，已經視為公司營運成本的一部分。若是公司沒有需要支付利息的負債，那麼權益資金成本和加權平均資金成本是相同的。不同的資金來源有著不同的資金成本，因此加權平均資金成本就把這全部的資金成本以加權的方式求得的平均成本。

負債的資金成本應該要以目前市場利率為基準。如果部分的負債是經由特定人而認購的，例如：公司債，雖然不是以市場利率作為報價，但是從發行公司債以來，市場利率變動的幅度不大，則票面利率可以作為基準。負債的資金成本採稅後基礎，是因為我們計算現金流量折現或是其他方法的折現時，也是針對稅後的淨額進行折現。

權益的資金成本，目前使用的方式大多採用CAPM來衡量。CAPM表示權益的資金成本等於無風險資產的報酬再加上系統風險的溢酬。也就是說，權益資金成本是指投資人於投資該公司時所要求的預期報酬水準，這個預期報酬水準包括最基本的資金使用成本（在沒有風險的情況下所能賺取的報酬，例如：銀行存款利息）外，還包括投資該公司所需承擔風險的溢酬，承擔的風險愈高，所要求的風險貼水也就愈高，也就是高風險高報酬的概念。

$$R_e = R_f + \beta \left[E(R_m) - R_f \right]$$

R_f：無風險利率

β：權益的系統風險

$\left[E(R_m) - R_f \right]$：風險溢酬

加權平均資金成本率公式及釋例

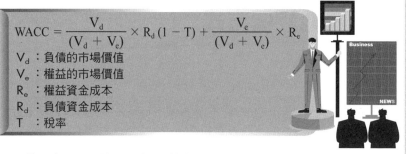

$$WACC = \frac{V_d}{(V_d + V_e)} \times R_d (1 - T) + \frac{V_e}{(V_d + V_e)} \times R_e$$

V_d：負債的市場價值
V_e：權益的市場價值
R_e：權益資金成本
R_d：負債資金成本
T：稅率

例(一)：華碩適用40%的所得稅率，其資本結構比例及稅前資金成本率如下：

	資本結構比例	稅前資金成本率
負債	20%	15.0%
特別股	30%	12.0%
普通股及保留盈餘	50%	13.2%

華碩的加權資金成本率為何？
解：

20%×（1−40%）×15%＋30%×12%＋50%×13.2%＝12%

例(二)：華碩擁有二座晶圓廠，此二座晶圓廠民國97年的部分財務資料如下：

	竹科廠	南科廠	合 計
總資產	$2,800,000	$5,500,000	$8,300,000
流動負債	800,000	1,000,000	1,800,000
長期負債			4,500,000
股東權益			2,000,000
股東權益市值			3,000,000
稅前淨利	300,000	675,000	975,000

假設華碩的資金成本率分別為：長期負債利率 10%，權益資金成本 15%，又公司所得稅稅率為 25%，該公司加權平均資金成本為何？
解：

加權平均資金成本（WACC）
＝[4,500,000×10%×（1-25%）＋3,000,000×15%] /（4,500,000＋3,000,000）
＝（337,500+450,000）/7,500,000
＝10.5%

期望報酬率之釋例

例如：華碩股價貝他值為1.5，市場期望報酬率為14%，無風險利率水準為10%，則華碩期望報酬率為何？
解：

根據CAPM，華碩股票預期報酬率＝10%＋1.5（14%－10%）＝16%

169

Unit **10-7**
其他評價方式

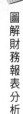

一、經濟附加價值

經濟附加價值又稱經濟利潤，用來衡量公司經營活動所創造的增額價值。

> 經濟附加價值＝投資資本 ×（投資資本報酬率－加權平均資金成本）

投資資本主要包括淨營運資金、廠房機器設備等營運資產的總和。淨營運資金等於營運流動資產減無息的流動負債。營運流動資產主要包括現金、應收帳款和存貨，或者是等於流動資產減短期投資。對於現金流量折現模型，也可以使用經濟利潤來折現，把經濟利潤當作是公司的一項短期現金流量，稱為經濟利潤評價法。經濟利潤是衡量公司經營績效很好的評量指標。在短期以經濟利潤取代營運現金流量作為衡量的指標效果較佳，因為公司管理階層可能會採用延緩投資來改善營運現金流量，所以營運現金流量折現法比較適合長期的評價。採用經濟利潤來衡量，可以看出公司的投資決策是否投資資本報酬率大於平均資金成本。若是大於的話，才代表該方案值得投資。

從經濟利潤折現法來評價公司價值時，可以發現公司價值增加決定於：

1. 增加現有投資資本的利潤。
2. 增加新投資資本的報酬。
3. 提高成長率，但必須使投資資本報酬率大於加權平均資金成本。
4. 降低資金成本。

二、剩餘收益（Residual Income）

剩餘收益是指投資中心獲得的利潤，扣減其投資額（或淨資產占用額）按規定（或預期）的最低收益率計算的投資收益後的餘額。是一個部門的營業利潤超過其預期最低收益的部分。

剩餘收益的計算公式為：

> 剩餘收益＝利潤－投資額（或淨資產占用額）×規定或預期的最低投資收益率

或

> 剩餘收益＝息前稅前利潤－總資產占用額×規定或預期的總資產息前稅前利潤率

剩餘收益估價模型中所使用的剩餘收益，直接從帳面股權價值與帳面會計收益中算出，不作會計調整，但要求帳面價值與會計收益間是一種乾淨盈餘關係（Clean Surplus Relation, CSR），即帳面價值的所有變動（與所有者之間的資本交易除外）都應先計入會計收益，不允許有未經損益表而直接進入所有者權益的項目。

經濟附加價值之優點

1. 考慮了權益資本成本

- EVA能將股東利益與經營業績緊密聯繫在一起，同時，由於經濟增加值是一個絕對值，所以，EVA的使用能有效解決決策次優化問題。因為，增加EVA的決策也必然將增加股東財富。

2. 能較準確地反映公司在一定時期內創造的價值

- 傳統業績評價體系以利潤作為衡量企業經營業績的主要指標，容易導致經營者為粉飾業績而操縱利潤。而EVA在計算式，需要對財務報表的相關內容進行適當的調整，避免了會計信息的失真。

3. 能較好地解決上市公司分散經營中的問題

- 公司下屬的各部門均可根據各自的資本成本來確定部門的EVA財務目標，這些目標還應該通過部門間的溝通來互相協調和互補。每個部門可同時制定長、中、短期目標，用於不同的財務目的。公司總部則可根據公司的總體規劃和總資產以及部門的EVA指標，綜合制定公司的EVA目標。

4. 可作為財務預警指標

- 相對於傳統的財務指標，EVA更具有信息可靠性；其次，由於EVA針對現行的會計政策進行了一系列的調整，減少了企業通過改變會計政策的選擇，改變資本結構，進行盈餘管理的空間，相對於傳統會計指標，它能更真實的反映企業的經營狀況；第三，EVA相對於傳統的創利指標，特別是企業處於規模擴張的情況下，能較早地發現企業的經營狀況不佳。

5. 是一種有效的激勵方式

- EVA激勵機制可以用EVA的增長數額來衡量經營者的貢獻，並按此數額的固定比例作為獎勵給經營者的獎金，使經營者利益和股東利益掛鉤，激勵經營者從企業角度出發，創造更多的價值，是一種有效的激勵方式。

6. 能真正反映企業的經營業績

- EVA與基於利潤的企業業績評價指標的最大區別，在於它將權益資金成本（機會成本）也計入資本成本，有利於減少傳統會計指標對經濟效率的扭曲，從而能夠更準確地評價企業或部門的經營業績，反映企業或部門的資產運作效率。

7. 注重公司的可持續發展

- EVA不鼓勵以犧牲長期業績的代價來誇大短期效果，也就是不鼓勵企業刪減研究和開發費用的行為。EVA著眼於企業的長遠發展，鼓勵企業經營者進行能給企業帶來長遠利益的投資決策。

剩餘收益(RI)之優缺點

優點	缺點
是可以使業績評價與企業的目標協調一致，引導部門經理採納高於企業資本成本的決策。另一個好處是允許使用不同的風險調整資本成本。	不適合於不同部門之間的比較，規模大的和規模小的不一樣。

第 11 章

財務預測

●●●●●●●●●●●●●●●●●●●●●●●●●●●●●●●●● ●章節體系架構 ▼

Unit 11-1
預算及財務預測

一、預算

企業目標一旦設立後，各部門主管必須研究，自己的部門是否有能力達成目標？能否為企業創造利潤？要回答這些問題前，要先把企業營業計畫目標和行動加以量化，將其量化為有形的金額，這就是預算的目的。預算就是估計企業在預算期間內需要多少財務資源及所採取所有行動的財務成果；換言之，預算就是將所欲達成的目標擬定計畫，以數字加以表達，俾利計畫之協調與執行，及績效考核，它是以財務術語及數量單位來表達的未來計畫，包含了在未來某段期間內財務及其他資源之取得與運用的詳細計畫，訂定預算的過程稱為編制預算（Budgeting），由於一般企業之預算著重利潤目標的達成，因此預算亦被稱為利潤規劃。

預算（Budget）和預測（Forecasts）應加以區分，預算指管理當局努力企圖達成的利潤水準或目標，而預測指組織單位所預期發生的活動，如對特別產品的需求是預測，那麼詳列收入與成本的銷貨預算，可以產品需求的預測為基礎來編制。

企業（尤其是大型企業）通常會成立一個預算委員會來指導預算之編制。該委員之成員包括總裁、研發部門主管、銷售部門經理、生產部門經理、總工程師及會計長等，其主要職責為：1.擬定一般性政策；2.協調、徵詢、收受及審核各項預算估計數；3.建議各項預算估計數之修改；4.核准預算及後續之修正；5.審查預算執行之進度報告；6.建議改善效率之可行方案或必要行動。

二、財務預測

174

「財務預測」是指公司的管理當局依照其所計畫的目標以及經營的環境，對公司未來財務狀況、經營成果及現金流量所作出的最適估計。所以公司的管理當局應對財務預測負最終責任。公司內部每年都會對於重大投資計畫與籌資計畫事先評估和規劃，在規劃的同時必須先暸解市場的大環境和產業動態，來做出最佳的決策。我國財務預測制度從民國80年5月開始實施，並於民國82年12月發布實施「公開發行公司財務預測資訊公開體系實施要點」。而此實施要點於民國86年1月29日曾做第一次修訂，擴大強制公開範圍及增加揭露資訊。

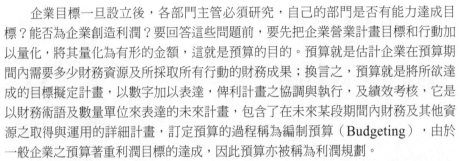

小博士解說

單位預算

進行預算管理之單位為社會團體、公共事業單位或國家機關之經費預算和其財務收支計畫中與預算有關之部分。在單位預算中則分為收入及支出預算，其編制原則與商業會計具先天之差異。而在分析單位預算時，亦非從經營、投資等方式切入，應從預算結構中分析單位預算之施政理念，公共政策之落實與否著手。

預算委員會之職責

1 擬定一般性政策

2 協調、徵詢、收受及審核各項預算估計數

3 建議各項預算估計數之修改

4 核准預算及後續之修正

5 審查預算執行之進度報告

6 建議改善效率之可行方案或必要行動

財務預測的作用

說明

1. 財務預測是進行經營決策的重要依據。

> 管理的關鍵在決策，決策的關鍵是預測。通過預測為決策的各種方案提供依據，以提供決策者權衡利弊，進行正確選擇。

2. 財務預測是公司合理安排收支，提高資金使用的效益。

> 公司做好資金的籌集和使用工作，不僅需要熟知公司過去的財務收支規律，還要善於預測公司未來的資金流量，即公司在計畫期內有哪些資金流入和流出，收支是否平衡，要做到瞻前顧後，長遠規劃，使財務管理工作處於主動地位。

3. 財務預測是提高公司管理水平的重要手段。

> 財務預測不僅為科學的財務決策和財務計畫提供支持，也有利於培養財務管理人員的超前性、預見性思維，使之居安思危，未雨綢繆。

Unit 11-2
預算 Part 1

一、預算的功能

（一）規劃功能

企業的經營有其既定之目標及達成目標的途徑與方法，預算可強迫管理人員事先面對未來，及早發掘潛在瓶頸，並妥為規劃以因應未來環境的變化。

（二）溝通與協調的功能

預算的編制係站在企業整體的立場，對各部門之預算方案做綜合性的溝通與協調，從而決定企業的整體目標，因此藉由編制預算的過程，管理人員可統合各部門的目標及活動，以確保部門的計畫目標與企業整體利益相配合。

（三）資源分配功能

企業的資源是有限的，如何讓各部門皆能以最少的資源而達成預定產出，一直是管理人員關注的問題，透過預算管理人員可以對資源做最適當的分配，如將資源分配給獲利最高的部門，以降低無效率或浪費的情形。

（四）控制功能

預算即是一項標準，就預算與實際結果加以比較，管理人員可以分析差異發生的原因，進而採取更正行動。此外管理人員在計畫執行過程中，可以隨時將實際發生的情況與預期成果相比較，並在差異發生時及時修正，以促使計畫順利完成。

（五）績效評估的功能

預算代表企業在某特定期間的既定目標，經由實際結果與此既定目標（預算）之比較，管理人員可以評估各部門及企業整體在該期間之作業績效。

（六）激勵功能

預算的編制能使各部門相關人員共同參與，則因各項預算係由各部門相關人員親自參與之下所共同制定，較易獲得認同，進而產生激勵員工自動自發努力達成工作目標之效果。

二、預算的編制

（一）建立假設

編制預算的第一步是建立一組與未來相關的假設，建立假設應該掌握最佳資訊來源，如管理當局對策略目標要有清楚的輪廓，財務團隊則握有過去財務績效及未來經濟趨勢的紀錄。人力資源部門要掌握勞動市場變動資訊，透過業務代表能得到有關銷售前景的最佳資訊。採購部門有最新供應商及價格趨勢的資訊，建立假設需要企業上下的投入。

1. 規劃功能

- 強迫企業規劃以因應未來環境的變化。

2. 溝通與協調的功能

- 透過綜合性溝通與協調，確保部門目標與企業整體利益相配合。

3. 資源分配功能

- 對資源作最適當分配，降低無效率或浪費的情形。

4. 控制功能

- 將實際與預期成果相比較，在差異發生時及時改正。

5. 績效評估的功能

- 經實際與目標（預算）相比較，評估該期間之績效。

6. 激勵功能

- 激勵員工自動自發努力達成目標。

預算編制之順序

建立假設	• 管理當局掌握最佳資訊，對策略目標定出清楚的輪廓，例如：人力資源部門握有勞動市場變動資訊、採購部門有供應商及價格趨勢資訊等。
營業預算	• 以金額和數量，表示企業未來一段時間可能交易行為的收入與費用的預期結果。
財務預算	• 表示企業取得與使用資金的計畫。
資本預算	• 為減少資本支出的錯誤，企業設有明確的程序，以便在投入資金之前先行評估整個計畫，對每項資本支出予以評估、分析。
現金預算	• 指在預算期間內對預期現金收入和支出的詳細估計。一般可由四個部分組成：(1)現金收入；(2)現金支出；(3)現金結餘或短缺；(4)融資方案。

177

Unit 11-3
預算 Part 2

二、預算的編制（續）

（二）營業預算（**Operating Budget**）

只以金額和數量，表示企業未來一段期間可能交易行為的收入與費用的預期結果，內容包括下列各種預算：

1. **銷貨預算**：銷貨預算係根據銷貨預測結果所編制，通常以銷貨單位數及金額表達。

2. **生產預算**：在行銷部門設定銷貨預算後，生產部門可據以估計下一個營業期間需要生產的數量（亦即生產預算）。

3. **直接材料用料預算、直接材料購貨預算**：生產預算完成後，緊接著即可編制下一個期間所需要的原料數量（亦即直接原料預算），並據以進行採購。

4. **直接人工預算**：預先知道下一個年度預算對人工時間之需求，人事部門就可事先訂定計畫，裨益人力調整。

5. **製造費用預算**：在編制這些成本（即製造費用）的預算之前，我們應先依成本習性將其區分為變動及固定之成本，再計算個別之預計分攤率，以便將預算期間之製造費用分攤到最後產品。

6. **銷售費用預算、管理費用預算**：銷管費用預算包含預算期間內，因非生產活動所發生之各類費用。

（三）財務預算（**Financial Budget**）

表示企業取得與使用資金的計畫，內容包括：

1. 直接材料存貨明細表。

2. 製成品存貨明細表。

3. 應收帳款預算、應付帳款預算。

4. 資本支出預算。

5. 現金預算。

6. 預計資產負債表：依據上期期末資產負債表，再加上本期其他預算所得的資料加以調整而得。

7. 預計現金流量表：係報導預算期間內，營業活動、投資活動，以及籌資活動影響現金流量變動情形之財務報表。

8. 預計綜合損益表：係完成總預算編制之最終產品。

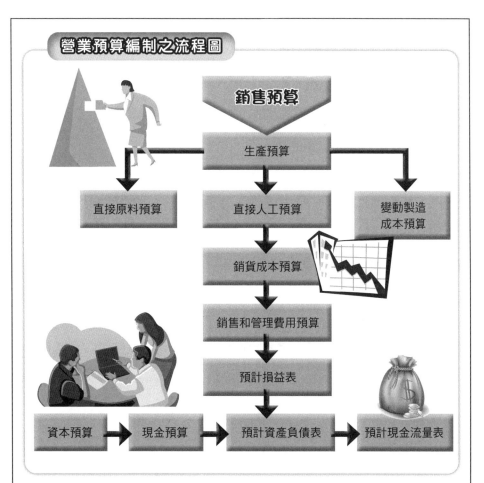

營業預算編制之流程圖

銷售預算 → 生產預算

生產預算 → 直接原料預算、直接人工預算、變動製造成本預算

直接人工預算 → 銷貨成本預算 → 銷售和管理費用預算 → 預計損益表

資本預算 → 現金預算 → 預計資產負債表 → 預計現金流量表

直接材料營業預算(左)及財務預算(右)釋例

直接材料進貨預算
2008年1月1日至12月31日

	直接材料	
	X	Y
生產需要單位數	90,000	37,500
加：預計期末存貨數量	40,000	12,000
需要單位數	130,000	49,500
減期末存貨數量	30,000	10,000
應採購量	100,000	39,500
單位成本	$1	$14
總進貨成本	$100,000	$553,000
合計		$653,000

W公司
直接材料存貨使用明細表
2008年1月1日至12月31日

	期初存貨			期末存貨		
	數量	單價	金額	數量	單價	金額
材料						
X	30,000	$1	$30,000	40,000	$1	$40,000
Y	10,000	14	140,000	12,000	14	168,000
合計			$170,000			$208,000
製成品	2,000	2.5	5,000	2,500	92	230,075
總計			$175,000			$438,075

Unit **11-4**
預算 Part 3

圖解財務報表分析

二、預算的編制（續）

（四）資本預算（**Capital Budget**）

　　為實現未來利益，而將資源長期投入，資本預算的編制是決策制定功能最重要部分之一，設備改良及廠房擴充計畫，應與來自內部營業及外部來源之有限資金相配合，每項支出所需的資金多寡及投資收回期間長短，都需要縝密的分析。為減少資本支出的錯誤，企業設有明確的程序，以便在投入資金之前先行評估整個計畫，執行控制對每一項資本支出予以評估、分析，通常可採行的評估方法有回收期間法、淨現值法（NPV）、內部報酬率法（IRR）、會計報酬率法。

（五）現金預算（**Cash Budget**）

　　現金預算是在預算期間內對預期現金收入和支出的詳細估計，企業既需保留足夠的現金，以應付日常業務所需，又不宜保留過多現金，形成資金呆滯損及利潤，有效的現金管理指在最有利的時機下，在最適合的地點，擁有最適當的現金數額。

　　一般現金預算可由四個部分組成：

1. **現金收入**：包括期初現金餘額和預算期間內各項預計現金收入，最主要的現金收入來自銷貨收入。

2. **現金支出**：預算期間內全部的預計現金支出，如採購原料、支付員工薪資、各種製造費用、行銷與管理費用等，此外還包括長期資產購置、投資與償債、支付企業所得稅或股利等支出。

3. **現金結餘或短缺**：各期間內全部現金收入與全部現金支出間的差額，若現金收入大於現金支出，將有現金結餘；若現金收入小於現金支出，則為現金短缺，必須透過借款或其他融資手段予以彌補。

4. **融資方案**：對預計現金結餘或短缺的處置方式，顯示有關的借款利息或其他融資成本，有助管理當局規劃各種必要與可能的融資方案，以便及時取得所需貸款。

淨現值法（Net Present Value, NPV）

　　淨現值係指一個投資項目的全部現金流入之折現值和全部現金流出的折現值之間的差額。若NPV＞0，說明該投資的現金流入現值大於現金流出現值。

　　淨現值法要求比較各個可行投資方案的淨現值，並選擇可達成淨利最大化的投資項目。其公式如下，NPV為淨現值、CF_t是計畫期間內每一期的現金流量、C_0是期初的投入成本、r 是折現率、T為投資計畫的期間。僅當淨現值為零或為正時之方案是可接受的。

$$NPV = \sum_{t=1}^{T} \frac{CF_t}{(1+r)^t} - C_0$$

	97年現金預算				
	第一季	第二季	第三季	第四季	全年
期初現金餘額	$42,500	$40,000	$40,000	$40,500	$42,500
現金收入					
銷貨收現	230,000	480,000	740,000	520,000	1,970,000
可供使用現金合計	$272,500	$520,000	$780,000	$560,500	$2,012,500
減：現金支出					
直接材料採購	49,500	72,300	100,050	79,350	301,200
直接人工	84,000	192,000	216,000	114,000	606,000
製造費用	68,000	86,800	103,200	76,000	344,000
行銷管理費用	93,000	130,900	184,750	129,150	537,800
所得稅	18,000	18,000	18,000	18,000	72,000
設備購置	30,000	20,000	－	－	50,000
股利支付	10,000	10,000	10,000	10,000	40,000
現金支出合計	$352,500	$540,000	$632,000	$426,500	$1,951,000
現金結餘(短缺)	$-80,000	$-20,000	$148,000	$134,000	$615,000
融資方案					
借款(期初)	$120,000	$60,000	－	－	180,000
還款(期末)	－	－	-100,000	-80,000	-180,000
利息(利率10%)	－	－	-7,500	-6,500	-14,000
融資額合計	$120,000	$60,000	$-107,500	$-86,500	$-14,000
期末現金餘額	$40,000	$40,000	$40,500	$47,500	$47,500

財務預算編制技術

一、固定預算與彈性預算
　　固定預算又稱靜態預算，是把企業預算期間的業務量固定在某一預計水平，以此為基礎來確定其他項目預計數的預算方法。**彈性預算**是固定預算的對稱，它的關鍵在於把所有的成本按其性態，分為變動成本與固定成本兩大部分。

二、增量預算和零基預算
　　增量預算是指在基期成本費用的基礎上，調整原有關成本費用項目而編制預算的方法。零基預算或稱零底預算，是指在編制預算時以零為基礎，不考慮其以往情況如何。

三、定期預算和滾動預算
　　定期預算就是以會計年度為單位編制的各類預算。滾動預算又稱永續預算，不將預算期與會計年度掛鉤，而是始終保持十二個月，每過去一個月，就根據新的情況進行調整和修訂後一個月的預算。

Unit 11-5
預算 Part 4

三、預測性分析的意義

係一項動態性分析，就企業過去之資料，配合企業公開發布的各項營運計畫與財務計畫，預測企業未來的現金流量、經營結果與財務狀況。

（一）短期現金預測

指企業在未來一段極短的時間內，對現金流入與流出加以預估，以分析企業的短期償債能力和流動性。短期現金預測是衡量短期流動性的關鍵，資產之所以稱為「流動」，係因其將於當期內轉換成現金，短期現金預測的分析會顯示企業是否有能力按計畫償還短期借款，因此此分析對潛在的債權人非常重要。但現金流量預測的正確性與預測期間成反比，因此，短期現金預測僅著重在流動資產與流動負債的變現分析（如應收帳款的收現或人工、原料成本的付現）。

（二）長期現金預測

長期現金預測的目的，為評估管理當局及計畫執行情形，以便瞭解管理當局的策略及績效，有利於完整的分析。步驟有二：(1)分析以前年度的現金流量；(2)預估未來現金流量的來源與用途。著重在純益及營業、投資、融資活動所產生的現金流量預測。

瞭解編制預算的流程、邏輯及各假設條件對編制預算的影響，在解讀企業財務預測資訊時，便知道如何合理質疑編制所依據的假設條件，是否不切實際或誇大以及推算過程有無重大疏漏，並非只看數字的結果及計算對錯。

四、預算的缺點

預算的功能甚為明顯，惟其本身仍有若干的限制和缺點值得注意：

（一）**預算非精確的科學**：任何估計均含有某種程度的判斷，由於預算是在預測未來現象，因此當預算發生偏差足以導致計畫改變時，即需修正估計數。

（二）**個人目標未必符合企業整體目標**：若預算激勵個人所採取的行動並非最有利企業組織的行動，則該預算並不適當。不管預算系統如何複雜，預算有效性視其如何影響人類行為和態度而定。

（三）**管理當局言而不行**：預算的規劃亟需各管理階層的參與及合作，若高階管理當局不能持續支持預算過程，低階管理當局容易將預算過程視為一項無意義的活動，則預算的價值將降低。

（四）**可能導致反功能決策**：被評估的管理者可能會試圖建立較寬鬆的預算，從而在做財務結果與預算的比較時，使其工作成果看起來較佳，或採取某些行動使企業達到個人目標要花費高昂成本，將導致企業部門間協調不良。

短期現金預測

- 分析會顯示企業是否有能力按計畫償還短期借款。
- 現金流量預測的正確性與預測期間成反比，短期現金預測僅著重在流動資產與流動負債的變現分析。

長期現金預測

- 為評估管理當局及計畫執行情形，以便瞭解管理當局的策略及績效。步驟有二：(1)分析以前年度的現金流量；(2)預估未來現金流量的來源與用途。
- 著重在純益及營業、投資、融資活動所產生的現金流量預測。

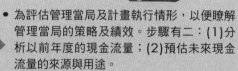

預算的缺點

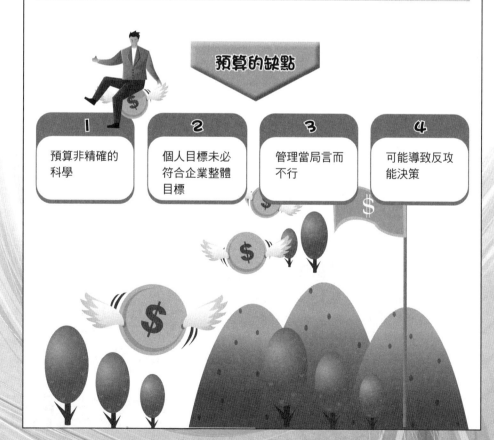

1	2	3	4
預算非精確的科學	個人目標未必符合企業整體目標	管理當局言而不行	可能導致反攻能決策

Unit **11-6**
財務預測的類型

原先制度規定上市櫃公司強制公開財務預測，而強制性公開財務預測造成某些企業期初預估賺錢，但到了期末卻宣布調降財測甚至預估會虧損。財務預測的可靠性受到了嚴苛的考驗。從94年起公開發行公司財務預測採自願性公開的方式進行。不過在某些情況下，金管會可以要求公司公開財務預測。例如：公開發行公司未依公開發行公司公開財務預測資訊處理準則所定方式，而於新聞、雜誌、廣播、電視、網路、其他傳播媒體，或於業績發表會、記者會或其他場所發布營業收入或獲利之預測性資訊者，金管會得請公司依規定公開完整式財務預測。

公開發行公司得依下列方式之一，公開財務預測：

一、簡式財務預測

公開發行公司編制財務預測，應提供營業收入、營業毛利、營業費用、營業利益、稅前損益、每股盈餘及取得或處分重大資產等預測資訊及會計政策與財務報告一致性之說明；各項目之金額得以單一數字或區間估計表達，且需說明其基本假設及相關估計基礎。公開發行公司更新（正）財務預測時，除應依前項規定內容揭露外，尚應增加揭露其更新（正）之原由及對預測資訊之影響。財務預測資訊由公開發行公司自行決定公開時點，預測涵蓋期間至少一季，但得以季為單位公開超過一季之預測資訊。

184

二、完整式財務預測

公開發行公司編制財務預測，應參照歷史性基本財務報表之完整格式，按單一金額表達，並將最近二年度財務報表與本年度財務預測併列。

需要公告財務預測之公司
1. 向非特定人募集資金之公司。
2. 經營權可能發生重大變動的公司。
3. 財務業務發生重大變動之公司。
4. 初次進入證券市場之公司。
5. 自願提供財測之公司。

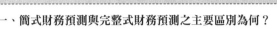

相關 Q&A 及釋例

一、簡式財務預測與完整式財務預測之主要區別為何？

答：簡式財務預測的預測期間以季為單位，僅需公開七項重要項目之預測資訊，且金額得以區間方式表達。完整式財務預測的預測期間為一完整年度，並應參照歷史性基本財務報表之完整格式，按單一金額表達。

二、公司在何種狀況會被要求編制完整式財務預測？

答：依本準則第六條規定，公開發行公司未依本準則所定方式而於新聞媒體等其他公開場所發布營業收入或獲利之預測性資訊者，本會得請其編制完整式財務預測。有關認定標準係依照證交所及櫃買中心「對上市（櫃）公司應公開完整式財務預測之認定標準」。

簡式財務預測範例

釋例　　甲公司於102年7月20日編制102年第三季預測資料

甲公司
102年第三季
簡式財務預測

　　本財務預測係於102年7月20日編制，並經董事會102年7月26日通過。本財務預測係依據公司管理當局目前之計畫及對未來經營環境之評估所作之最適估計，所採用之會計政策與財務報告一致，然由於交易事項及經營環境未必全如預期，因此預期與實際結果通常存有差異，且可能極為重大，故本財務預測將來未必能完全達成。

185

一、各重要項目內容

項目 ＼ 季別	第一季（核閱數）	第二季（自結數）	第三季（預測數）	合計
營業收入				
營業毛利				
營業費用				
營業利益				
稅前損益				
每股盈餘				
取得重大資產				
處分重大資產				

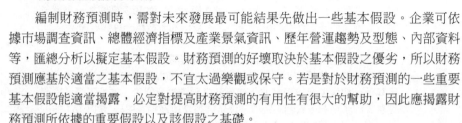

一、財務預測編制準則

　　編制財務預測時，需對未來發展最可能結果先做出一些基本假設。企業可依據市場調查資訊、總體經濟指標及產業景氣資訊、歷年營運趨勢及型態、內部資料等，匯總分析以擬定基本假設。財務預測的好壞取決於基本假設之優劣，所以財務預測應基於適當之基本假設，不宜太過樂觀或保守。若是對於財務預測的一些重要基本假設能適當揭露，必定對提高財務預測的有用性有很大的幫助，因此應揭露財務預測所依據的重要假設以及該假設之基礎。

　　財務預測應揭露的假設通常包括：

1. 公司的財務預測可能會產生的差異，並應揭露對未來結果有重大影響之假設。
2. 預期發生的情況與實際產生的情況，會有重大不同之假設。
3. 對預期資訊具有重要性之其他事項。

　　公開發行公司所編制的財務預測，應該要提供營業收入、營業毛利、營業費用、營業利益、稅前損益、每股盈餘及取得或處分重大資產等預測資訊及會計政策與財務報告一致性之說明；各項目之金額可以使用單一數字，例如：1,000,000或區間估計表達，例如：1,000,000~1,500,000，並且要說明基本假設的基礎及相關估計的基礎。以下關於財務預測編制準則和揭露，摘錄自財務會計準則公報第16號「財務預測編制要點」。

1. 財務預測往往涉及眾多不確定因素，例如：營收成長率、產品價格，如果不是基於合理假設基礎以及適切之注意，財務預測資訊容易產生誤導投資人，故公司的管理當局編制財務預測時，應該要本著誠信原則避免過度樂觀或悲觀，而誤導使用者之判斷。

　　誠信原則係指企業應建立合理適當之假設，盡專業上應有之注意，適當揭露有關資訊等。

2. 財務預測應由合適人員審慎編制，以確保財務預測資訊品質之合理可靠。合適人員通常係指對企業及產業有充分之認識，且對生產、行銷、會計、財務、研究、環保、工程或其他方面具有專長之人員。

3. 財務預測應採用適當的會計原則編制，並且與交易事項若實際發生入帳時所預期會採用之會計處理相一致。

　　企業管理當局若預期將來會改變會計原則時，也應將其反映於財務預測中。

臺灣證券交易所股份有限公司
「對上市公司應公開完整式財務預測之認定標準」

（民國 102 年 1 月 23 日 修正）

　　查「公開發行公司公開財務預測資訊處理準則」第六條規定：「公開發行公司未依本準則所訂方式，而於新聞、雜誌、廣播、電視、網路、其他傳播媒體，或於業績發表會、記者會或其他場所發布營業收入或獲利之預測性資訊者，金融監督管理委員會（以下簡稱本會）得請公司依第三章規定公開完整式財務預測。」為加強規範上市公司所發布之預測性資訊，特訂定本認定標準以資遵循。上市公司如有於前述場合發布有關營業收入或獲利之預測資訊，且尚未依「公開發行公司公開財務預測資訊處理準則」公開相關期間之簡式或完整式財務預測者，其是否有公開完整式財務預測之適用，本公司悉依本認定標準辦理。本認定標準所稱之財務預測為合併財務預測。但上市公司無子公司者，應編制個別財務預測。

第1條　上市公司自行發布整體性或占全部營收逾百分之五十之業務（產品）之合併（個別）營收或獲利預測性資訊者，或本公司發現有媒體報導上市公司相關預測性資訊，經本公司即予查證後上市公司並未澄清該資訊非其所發布或提供者，除第二條所述情事外，符合下列情形之一者，即視為符合應公開完整式財務預測之要件：

（一）發布或被報導之資訊屬明確具體之金額，例如：營收100億元、營業損益50億元、稅前損益50億元、每股盈餘2元等。

（二）發布或被報導之資訊屬區間、上下限或變動比率，例如：營收不低於130億元、營收挑戰300億元、營收界於95億～120億元間、營收較上年度成長或衰退3成以上、營業或稅前損益成長或衰退3成以上、每股盈餘維持在2.5元以上、每股盈餘不低於2元等。

第2條　上市公司於召開法人說明會中發布其合併（個別）營業收入、合併（個別）營業毛利（率）及合併（個別）營業利益（率）之預測性資訊，且最近四季合併（個別）財務報表營業外收支淨額合計數占稅前損益合計數不超過百分之十者，並已將相關資訊於公開資訊觀測站充分揭露，視為已公開財務預測資訊，不適用應公開完整式財務預測之規定。

Unit **11-8**
財務預測編制準則 Part 2

一、財務預測編制準則（續）

4. 編制財務預測時所引用之攸關資訊來源眾多，包括企業內部及外部資訊。企業應建立有效之財務預測程序，以蒐集當時合理可用之最佳資訊，作為建立適當假設之依據。

5. 編制財務預測時所引用之各項資訊，其可靠性不同，所以公司的管理當局於編制財務預測的過程中應考慮各項基本資料之可靠性及攸關性，並應審慎考慮資訊之適當性。

6. 資訊之取得通常均需花費成本，因此在蒐集資訊時，應同時考慮其成本與預期效益。

7. 財務預測之編制常需引用大量資料，並經繁複計算，易造成錯誤；且其編制過程，缺乏歷史性財務報表編制過程中類似之自動校正及平衡之功能，故財務預測過程應建立防範、偵測及更正此類錯誤發生之程序。

8. 企業應依其營運計畫所預期之結果以編制財務預測。企業編制財務預測時，應確認與營運相關之關鍵因素，並為其建立合理假設，以作為財務預測之基礎。

9. 財務預測結果對假設變動之敏感度可能不同，有些假設如稍有變動即可能對預測財務結果造成重大差異，有些假設則難有重大變動，僅造成預測財務結果之小幅差異。

   因此，為避免預期結果產生重大差異，財務預測過程應審慎注意具有下列二種性質之假設：

   (1) 對預測結果相當敏銳之假設。亦即，假設稍有差異可能重大影響預測結果者。

   (2) 產生差異可能性很高之假設。

   此種假設應經企業高層人員研究、分析及複核。

10. 財務預測結果應定期與實際結果做比較，並分析其差異，以改進預測方法。作定期比較時，不僅包括整體財務結果，亦應包括關鍵因素及基本假設，如銷售數量、價格及生產率等。

11. 財務預測之書面文件應經相關部門主管之複核及核准，並確定財務預測資訊是否按本公報之規定編制。

臺灣證券交易所股份有限公司
「對上市公司應公開完整式財務預測之認定標準」(續)

（民國 102 年 1 月 23 日 修正）

上市公司應隨時評估前述預測性資訊之達成情形，經評估有未能達成之虞者，應即於公開資訊觀測站發布重大訊息說明前述預測性資訊已不適用。嗣上市公司欲更新（正）前述預測性資訊，應另行召開法人說明會或依本公司「對上市公司重大訊息說明記者會作業程序」召開說明記者會，或依「公開發行公司公開財務預測資訊處理準則」規定辦理。

第3條　上市公司於股東會年報「致股東報告書」中揭露當年度營業計畫概要時，若涉及營業收入或獲利之預測性資訊者，應依第一條規定辦理。

第4條　上市公司發布已符合應公開完整式財務預測之資訊者，經本公司發函通知應依財務預測處理準則辦理完整式財務預測公開，或符合第二條規定視為已公開財務預測資訊者，本公司應將上開資訊移請本公司監視部供查核不法（內線）交易之參考。

第5條　經本公司函知上市公司（並副陳主管機關）有符合應公開完整式財務預測情事者，上市公司應於編制通知函送達之日起十日內依財務預測處理準則相關規定辦理公告申報，並應於接獲本公司通知函之日起次一營業日交易時間開始前，至本公司指定之網際網路資訊申報系統揭露；如上市公司有不同之觀點而申復不辦理完整式財務預測公開者，本公司應即將判定應公開完整式財務預測之理由及該公司之申復意見，併同陳報主管機關核處。

189

美國預測性資訊大致分為三類：

1. 財務預測之表達，應符合美國會計師協會相關規定，但美國證管會並未強制公司公開之財務預測需經會計師核閱。
2. 公司得選擇以財務預測於年度中發生合併、分割、處分重要部門，或取得重大不動產經營權等涉及企業組織調整之重大事項。
3. 公司在公開每季財務報表時，應發布「營運狀況說明（MD&A）」，說明公司的財務展望資訊。

Unit **11-9**
財務預測的揭露

一、財務預測之內容

1. 財務預測最好可以參照去年的財務報表格式編制。如果沒有按照完整格式表達時，則財務預測所表達之項目至少應該包括下列各項：

   (1) 銷貨收入

   (2) 銷貨成本

   (3) 繼續經營部門損益

   (4) 停業部門或非常損益

   (5) 所得稅

   (6) 淨利

   (7) 每股盈餘

   (8) 財務狀況之重要變動

   (9) 企業之財務預測係屬估計，將來未必能完全達成之聲明。

   (10) 重要會計政策之匯總說明

   (11) 基本假設之匯總說明

   上述第 (1) 至 (11) 係屬揭露事項，為財務預測之一部分。

2. 財務預測應該每頁都標明「預測」及「參閱重要會計政策及基本假設匯總」之字樣，以讓報表使用者知道這報表是財務預測而不是財務報表，並且編制財務預測的重要會計政策以及會計基本假設都應該匯總說明。

3. 編制財務預測所使用之重要會計政策都要匯總揭露，讓報表使用者明瞭公司所使用的會計原則。如遇到會計原則有變更時，亦應加以揭露，並說明改變的原因。

4. 財務預測應揭露其編制完成之日期。

5. 財務預測的金額表達方式，通常按單一金額表達，例如：銷貨收入 10,000,000，但亦得按上下限金額表達，例如：10,000,000~15,000,000。上下限之幅度愈大，表示公司的管理階層對於未來的預測充滿不確定性。不確定程度愈高，則上下限幅度愈大。若是幅度過大，似乎財務預測的功能就不復存在了。因為財務預測的用意是要讓投資人明白公司的未來如何，若上下限幅度過大，則有預測跟沒預測可說是差不多，就較不具意義。

6. 財務預測涵蓋期間通常以一年為準，公司可以發布以季為基礎的財務預測，亦得考慮對使用者之有用性及企業管理當局之預測能力，而加以延長或縮短。

7. 企業公布本年財務預測時，得將以前年度之財務報表及財務預測並列，以利使用者分析比較，惟應標示清楚財務預測的部分以及歷史性財務資訊。

財務預測內容之注意事項

1 財務預測最好可以參照去年的財務報表格式編制。

2 財務預測應該每頁都標明「預測」及「參閱重要會計政策及基本假設匯總」字樣。

3 編制財務預測所使用之重要會計政策都要匯總揭露。

4 財務預測應揭露其編制完成之日期。

5 財務預測的金額表達方式，通常按單一金額表達，但亦得按上下限金額表達，上下限之幅度愈大，表示公司的管理階層對於未來的預測充滿不確定性。

6 財務預測之涵蓋期間通常以一年為準，亦得考慮對使用者之有用性及企業管理當局之預測能力而加以延長或縮短。

7 企業公布本年財務預測時，得將以前年度之財務報表及財務預測並列。

知識補充站 有關於國際會計準則之公開發行公司公開財務預測資訊處理準則修正重要內容：

一、增訂公開發行公司編制之財務預測為合併財務預測。

二、鑑於我國採用國際財務報導準則後，綜合損益表將取代現行之損益表，並納入其他綜合損益，由於其他綜合損益之變動對於股東權益、投資人預估股利及股價均有重大影響，爰修正以綜合損益取代稅前損益，作為財務預測應更新及實際達成情形之比較標準。

三、配合證券發行人財務報告編制準則規定，財務預測編制內容將損益表修正為綜合損益表、營業損益及稅前損益，修正為營業利益及稅前淨利，並增訂其他綜合淨利。

Unit 11-10
預計財務報表的編制 Part 1

一、預計財務報表編制順序

一般來說，預計財務報表的編制是以銷貨收入的預測為開始點。

（一）收入

預估銷貨收入通常是以過去幾年的銷售情形來估計未來的成長率。而可能要考量的因素還有階段機器設備的產能水準，若是預估未來需要量呈現大量成長時，則公司的資本支出也必須增加，才有辦法購買新的機器設備來投入生產以符合思考邏輯。或者是參考同業所預估的成長率來估計銷貨收入。但是除了估計成長率以外還必須考量產品的單位售價，尤其是現在的產業競爭環境，產品推陳出新的速度迅速，產品售價的降幅是一項蠻重要的考量因素。

（二）費用與盈餘

預估銷貨成本時必須考量公司大規模採購原料是否能有效的降低成本，銷貨成本通常與銷貨有密切的關聯性。至於營業費用的預估應該要逐項分析，像是折舊費用，若公司的會計政策採用平均法則僅要考量新購入的固定資產，因為舊的固定資產其折舊金額一樣。至於研究發展支出的估計，公司往往會有一定的比率，例如銷貨收入的10%或是較上期的研究發展支出呈一固定比率遞增，所以只要以上一期的研發費用就能預估下一期的研發費用，具有長期的關聯性。利息費用的預估，應評估公司有無舉債計畫或償債計畫。當完成銷貨收入、銷貨成本以及相關的費用後，就可得知預期的銷貨毛利和淨利，來編制預計損益表。

（三）資產負債預測

預計資產負債表的編制，通常無需進行額外的假設。主要是參酌預計損益表及預計現金流量表中的營運活動、投資活動與融資活動的規劃來調整會影響資產、負債以及股東權益的金額就可完成。像是公司預估明年的銷售量成長，則公司的存貨和應收帳款可能就會增加，存貨增加的原因是為了顧客的需求，所以存貨量提高，應收帳款提高的原因是銷貨收入增加而公司的收款政策若是未改變的話，相對的應收帳款也會增加。公司預估未來的需求強勁，勢必會提高資本支出，而資本支出的增加，公司的廠房、機器設備也會增加。公司的實收資本額小，則資本支出往往必須透過舉債來達成，此時負債科目會增加。而股東權益項目，則考量公司是否有增資計畫。

（四）現金流量預測

藉由預計損益表和預計資產負債表，通常可編制出預計現金流量表。

○○○○股份有限公司
預計資產負債表

單位：新臺幣千元

	預測	比較性歷史資訊	
	98年度	97年度	96年度
資產			
流動資產			
現金及約當現金	149,571	137,008	102,959
短期投資	194,815	135,524	172,190
應收票據及帳款	854,966	1,026,198	549,292
應收關係人款	- -	1,055	212
存貨淨額	58,337	76,097	33,100
預付費用及其他流動資產	94,124	25,663	28,453
流動資產合計	1,355,813	1,401,545	886,206
長期投資	89,686	87,215	10,771
固定資產			
土地	435,846	435,846	365,019
建築物	473,950	50,607	50,607
電腦設備	62,712	67,328	69,970
交通設備	2,208	2,208	2,208
辦公設備	11,550	13,692	13,859
租賃改良	6,700	6,937	6,199
雜項設備	18,884	884	708
在建工程	- -	261,515	51,578
預付設備款	575	575	23,877
	1,012,425	839,592	584,025
減：累計折舊	(69,247)	(47,825)	(35,323)
固定資產淨額	943,178	791,767	548,702
其他資產	78,650	86,138	36,902
資產總計	$2,467,327	$2,366,665	$1,482,581
流動負債			
短期借款	$100,000	308,990	- -
應付票據及帳款	443,849	527,383	213,697
應付關係人款	- -	21,094	2,312
應付費用及其他流動負債	176,500	224,395	192,896
流動負債合計	720,349	1,081,862	408,905
應付公司債	500,000	- -	- -
長期借款	- -	300,000	300,000
應計退休金負債	51,902	44,155	35,960
其他負債	- -	- -	6,103
負債合計	1,272,251	1,426,017	750,968
股東權益			
股本	800,000	647,000	441,688
資本公積	18,697	18,697	18,697
法定公積	84,222	63,217	40,142
累積盈餘	290,733	210,420	230,833
累積換算調整數	1,424	1,314	253
股東權益合計	1,195,076	940,648	731,613
負債及股東權益總計	$2,467,327	$2,366,665	$1,482,581

Unit **11-11**

預計財務報表的編制 Part 2

二、重要會計政策之匯總說明

圖解財務報表分析

（一）約當現金

本公司所稱約當現金，係指隨時可轉換成定額現金且即將到期，而其利率變動對價值影響甚小之短期投資，包括投資日起三個月內到期或清償之商業本票。

（二）備抵呆帳

備抵呆帳之提列係依據評估授信客戶之帳齡及品質，以決定各應收款項之可收現性後，酌實提列。

（三）存貨

存貨以加權平均成本與市價孰低法評價。市價則以重置成本為基礎。

（四）固定資產及其折舊

本公司之固定資產以購建時成本計值入帳。除土地外，各項固定資產之折舊以取得成本於估計耐用年限，以直線法計列。處分固定資產之利益（損失）列為當年度營業外收入（支出）。民國89年12月31日以前之處分固定資產利益，尚需就其稅後淨額於當年度轉列資本公積。

為購建資產並正在進行使資產達到可使用狀態前所發生之利息予以資本化，分別列入相關資產科目。

194

（五）所得稅

所得稅的估計以會計所得為基礎，資產及負債之帳面價值與課稅基礎之差異，依預計迴轉年度之適用稅率計算認列為遞延所得稅；將應課稅暫時性差異所產生之所得稅影響數認列為遞延所得稅負債；將可減除暫時性差異、虧損扣抵及所得稅抵減所產生之所得稅影響數認列為遞延所得稅資產，再評估其遞延所得稅資產之可實現性，認列其備抵評價金額。

（六）普通股每股純益

基本每股盈餘係以屬於普通股股東之本期淨利除以普通股加權平均流通在外股數；流通在外股數若因無償配股所增加之股數，採追溯調整計算。稀釋每股盈餘係假設本公司所發行且具有稀釋作用之可轉換公司債均予轉換，所計算之每股盈餘。

○○○○股份有限公司
預計損益表

單位：新臺幣千元

	預測	比較性歷史資訊	
	98年度	97年度	96年度
營業收入			
銷貨收入	$2,637,533	2,395,634	1,347,075
銷貨退回	-	(37,529)	(29,933)
銷貨折讓	-	(1,531)	(1,902)
銷貨收入淨額	2,637,533	2,356,574	1,315,240
勞務收入淨額	441,327	326,910	277,902
	3,078,860	2,683,484	1,593,142
營業成本			
銷貨成本	(1,830,421)	(1,664,054)	(619,149)
勞務成本	(229,490)	(203,762)	(159,488)
	(2,059,911)	(1,867,816)	(778,637)
營業毛利	1,018,949	815,668	814,505
營業費用			
銷管費用	(600,721)	(513,711)	(483,474)
研究發展費用	(93,716)	(84,519)	(67,792)
	(694,437)	(598,230)	(551,266)
營業淨利	324,512	217,438	263,239
營業外收入			
利息收入	1,618	3,184	2,519
投資收益	2,362	-	-
處分投資利益	7,805	87	-
短期投資市價回升利益	-	8,186	-
其他收入	2,584	6,730	2,891
	14,369	18,187	5,410
營業外支出			
利息費用	(18,137)	(55)	(2,575)
投資損失	-	(439)	(1,159)
處分固定資產損失	(3,749)	(3,764)	(3,053)
處分投資損失	-	-	(3,540)
其他支出	(2,866)	(1,432)	(10,941)
	(24,752)	(5,690)	(21,268)
稅前淨利	314,129	222,935	247,381
所得稅費用	(25,571)	(19,884)	(16,628)
本期淨利	$288,558	$210,051	$230,753

	稅前	稅後	稅前	稅後	稅前	稅後
普通股每股盈餘 (單位：新臺幣元)						
基本每股盈餘	$3.93	3.61	3.45	3.25	5.60	5.22
稀釋每股盈餘	$3.80	3.48	3.45	3.25	5.60	5.22

Unit **11-12**
預計財務報表的編制 Part 3

三、重要基本假設匯總

（一）營業收入

　　本公司為專業之企業資源規劃套裝軟體之開發與銷售廠商，在營業收入方面除了標案部門銷售之電腦硬體及軟體外，幾乎都以ERP系統的銷售為核心。

　　根據情報中心民國97年12月的資料顯示，預估在民國97年到民國99年間，臺灣市場將以年複合平均成長率23%的幅度成長；另由於國內景氣目前呈現逐季上升之趨勢，企業資本支出遲延狀況預期將會改善。

（二）營業成本

　　本公司根據營業收入之預測，考量人力規劃、採購市場趨勢作為估列基礎來預計營業成本。

（三）營業費用

　　本公司銷管費用主要為銷售及管理人員薪資及獎金、員工保險費用、折舊及廣告費用等，薪資係依組織編制及薪資結構並考慮年度調薪情形估計，獎金則視業績達成情形估列，折舊考慮資本支出計畫估計。本年度基於整體內外部經營環境考量，預估調薪幅度約4%，且預期業績成長將使獎金發放之金額增加，加上投入廣告、參展預算等行銷活動亦預計較去年增加，故預計本年度之銷管費用較去年增加87,010千元，增加約17%。

　　民國98年度預計研究發展費用為93,716千元，較民國97年度增加約9,197千元，主要係反映調薪及獎金之增加。

　　利息支出：本公司興建之辦公大樓預期將於民國98年度陸續完工，各項借款之利息支出也將停止資本化。為了取得長期資金、強化財務結構，本公司預計於民國98年7月發行可轉換公司債5億元，並將所得之資金大部分用於償還銀行借款，經考量上述因素，並參酌本公司目前之借款利率水準，本公司估列民國98年度利息費用為18,137千元。

（四）所得稅

　　本公司民國98年度預估稅前淨利314,129千元，經考量本公司依促進產業升級條例規定申請，並經主管機關核准自民國95年1月1日起連續五年內就新增符合投資計畫之所得免徵營利事業所得稅之影響後，依25％營利事業所得稅率估列，並減除研究發展支出等投資抵減金額後，預估民國98年度所得稅費用為25,571千元。

○○○○股份有限公司
預計現金流量

單位：新臺幣千元

	預測	比較性歷史資訊	
	98年度	97年度	96年度
營業活動之現金流量			
本期純益	$288,558	$210,051	$230,753
調整項目			
折舊	32,668	23,638	17,674
各項攤銷	4,426	3,615	2,720
依權益法認列之投資(利益)損失	(2,362)	439	1,159
提列(迴轉)短期投資跌價損失	-	(8,186)	8,186
呆帳損失	46,667	27,395	21,926
處分固定資產損失	3,749	3,764	3,053
固定資產失竊損失	-	318	919
其他資產報廢損失	1,003	67	-
應收票據及帳款(增加)減少	124,565	(504,301)	(298,093)
應收關係人帳款(增加)減少	1,055	(843)	3,134
存貨(增加)減少	17,760	(42,997)	(1,0566)
預付費用及其他流動資產(增加)減少	(71,335)	5,656	(18,691)
遞延所得稅資產增加	(5,983)	(4,274)	(3,990)
應付票據及帳款增加(減少)	(83,534)	313,686	129,385
應付關係人款增加(減少)	(21,094)	18,782	2,198
應付費用及其他流動負債增加(減少)	(47,895)	31,499	24,043
應付退休金增加	7,747	8,195	6,612
營業活動之淨現金流入	295,995	86,504	129,932
投資活動之現金流量			
短期投資(增加)減少	(59,291)	44,582	34,624
購置固定資產	(187,828)	(270,785)	(486,432)
出售固定資產價款	-	-	148
長期投資增加	-	(78,822)	(11,677)
其他資產(增加)減少	6,917	(51,510)	(2,963)
投資活動之淨現金流出	(240,202)	(353,265)	(466,300)
融資活動之現金流量			
短期借款增加(減少)	(208,990)	308,990	-
長期款之增加(償還)	(300,000)	-	289,111
發放董監酬勞	(1,890)	(2,077)	-
發放現金股利	(32,350)	-	-
發行可轉換公司債	500,000	-	-
其他負債增加(減少)	-	(6,103)	6,103
融資活動之淨現金流入(出)	(43,230)	300,810	295,214
本期現金及約當現金增加(減少)數	12,563	34,049	(41,154)
期初現金及約當現金餘額	137,008	102,959	144,113
期末現金及約當現金餘額	$149,571	137,008	102,959
現金流量資訊之補充揭露			
本期支付利息(不含資本化之利息)	$18,137	$55	$2,625

Unit **11-13**
預計財務報表的編制 Part 4

三、重要基本假設匯總（續）

（五）發行公司債計畫

　　1. 本計畫所需資金總額：新臺幣5.7億元。

　　2. 資金來源：(1) 自有資金新臺幣0.7億元。

　　　　　　　　　(2) 發行國內第一次無擔保轉換公司債5億元。

　　面額：新臺幣10萬元整／張

　　票面利率：0%

　　總金額：新臺幣5億元整

四、財務預測的更正與更新

（一）財務預測更正（**Financial Forecasting Correction**）

　　係指財務預測發生錯誤，於發布後所作之修正。企業管理當局發現財務預測有錯誤時，應先考量是否誤導使用者之判斷。如有誤導之可能時，應公告說明該錯誤及原發布之資訊已不適合使用，並盡速重新公告修正後之財務資訊。

（二）財務預測更新（**Financial Forecasting Update**）

　　係指因基本假設發生變動，而對已發布之財務預測所作之修正。當基本假設發生變動而對財務預測有重大影響時，企業管理當局應更新財務預測，並說明更新之理由。更新時，應重新分析關鍵因素及基本假設。如無法立即發布更新之財務預測時，仍應公告原先發布之財務預測已不適合使用及其理由。已公開財務預測之公司，應隨時評估敏感度大之基本假設變動對財務預測結果之影響，並按月就營運結果分析其達成情形並評估有無更新財務預測之必要；當編制財務預測所依據之關鍵因素或基本假設發生變動，致稅前損益金額變動20%以上且影響金額達新臺幣3千萬元及實收資本額之5‰者，公司應依規定更新財務預測。

五、結語

　　財務報表使用者可針對財務預測之資訊，來分析其各組成項目的合理性，並與同業的財務預測相比較，可得知該企業對於未來經濟情景的看法為較保守或樂觀的態度。財務預測之資訊，讓財務報表使用者不僅認識到企業的過去和現在，並對未來的經濟狀況和經營成果有概括性的瞭解。

財務預測的方法

財務預測的方法	舉例
定性分析	意見歸納法、專家調查法
定量分析	趨勢外推法、因果關係法、直線回歸法以及線性規劃、非線性規劃和動態規劃

誤差產生之類型

誤差類型	說明
模型誤差	對實際問題進行簡化抽象，而獲得數學模型時產生的誤差。
觀測誤差	在數據選擇上的錯誤所造成之誤差。
數據誤差	例如：金融市場中存在許多近似值造成之誤差。
計算誤差	因捨去或進位造成的誤差。

財務預測更正(Correction)及更新(Update)

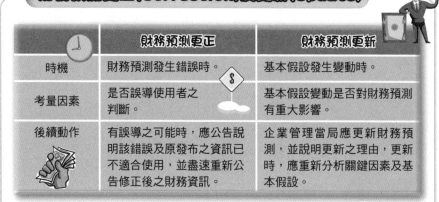

	財務預測更正	財務預測更新
時機	財務預測發生錯誤時。	基本假設發生變動時。
考量因素	是否誤導使用者之判斷。	基本假設變動是否對財務預測有重大影響。
後續動作	有誤導之可能時，應公告說明該錯誤及原發布之資訊已不適合使用，並盡速重新公告修正後之財務資訊。	企業管理當局應更新財務預測，並說明更新之理由，更新時，應重新分析關鍵因素及基本假設。

第 12 章
風險分析

●●●●●●●●●●●●●●●●●●●●●●●● 章節體系架構 ▼

企業經營風險概要 Part 1

一、風險來源

在討論風險之前，應先瞭解風險的發生原因，若無法偵知風險，則難以及早預防，導致未來發生損失之可能性增加。風險的來源分為兩種，一者不因本身之決策而有所相關，為無法完全避免、降低之風險，多為因環境因素或難以偵知、避免之風險；而另一者則為可經由提早偵知、衡量並預防，多為可預見，或是經由決策而衍生出之相關風險。

具體來說，我們所探討的風險其產生原因多與自身相關，如「營運風險」係指在企業未使用負債融資等外部資金前，企業本身即需面對之風險，意即企業在開業時即需體認之商業競爭、存貨積壓或生產效率等不確定狀況。又或者「財務風險」則為企業在使用負債融資時，普通股股東需額外考量之風險，即因行使負債融資決策時所影響之稅後淨利之不確定性。

在辨認出風險後，接著進行衡量風險之影響，可以用一個簡單的損益計算來解釋。

在損益表中，由一般的損益表結構在計算淨利時，排除負債融資、外部影響後，對淨利造成影響之原因主要來自於營業收入、營業成本及營業費用之波動幅度，即為企業所面臨之營運風險之高低。

而在使用了內部資訊進行衡量時，營業成本及營業費用則可以大略分為變動成本及固定成本兩部分，在此時，營運風險之衡量則為營業收入、變動成本及固定成本對淨利所造成之影響。

而若企業考量了負債融資時，利息費用增加，企業之損益將受到影響而下降，但同時企業也獲得了因取得融資而產生之稅盾效果，而此對於稅後淨利或每股盈餘之影響數即為對財務風險之衡量數。

二、影響營運風險及財務風險因素

在衡量風險時，需考量的因素亦需納入本身狀況等，簡言之，不同企業所面臨的風險程度是不同的，而一間企業在不同時期面臨相同處境時，所面臨的風險程度亦有所不同。以財務風險為例，在其他條件不變下，上述影響財務風險之因素大略可列出下列幾點可能性：

1. **財務健全的變異性**：影響企業財務發生困難之可能性複雜且難以一概而論，僅能做出預先防止財務傾向危機，而若財務狀況陷入危機時，企業所承受之財務風險則愈高。

2. **資金成本的變異性**：在融資發生後之利息費用若將隨市場利率發生不利因素，則有可能增加企業之財務風險。

營運風險之內涵

風險因數	考量因素	說明
營運風險	成長潛力	1. 決定收入的因素 2. 發展中、已成熟或衰退中的市場 3. 景氣週期的程度 4. 科技變更的速度
	競爭環境	1. 產品本質（價格競爭激烈的產品或差異化產品） 2. 競爭對手 3. 進入障礙 4. 進口競爭 5. 法規環境
	財務特性	1. 營運槓桿程度 2. 資本密集程度 3. 設備融資需求 4. 關鍵成本要素 5. 研發經費需求
	公司狀況	1. 整體市場占有率 2. 成本控制 3. 生產效率 4. 生產應變能力 5. 原料來源 6. 研發能力 7. 經營分散程度
	所有權	與母公司的關聯程度（財務面、管理面、營運面、研發及技術支援、此子公司是否為集團之運作核心、相對規模）

Unit 12-2
企業經營風險概要 Part 2

二、影響營運風險及財務風險因素 （續）

3. 負債比重：對外融資時所增加之負債比率，若所承受之負債比率愈高，則企業之財務結構有可能漸趨近危機企業，而難以獲得相應之融資機會，當企業所需之外部資金降低即有可能影響企業之財務風險。

而單就企業之營運風險而言，影響因素亦因各企業之規模大小、所處環境及內部控制等而有所不同，而大致也可能因營業收入之變異性、生產要素成本之變異性、公司規模與市場占有率或固定成本比重等因素產生影響。而此亦意謂當企業本身與營運有關之活動產生變動時，營運風險亦隨之產生影響，亦可從此瞭解企業在不同期間所衡量之營運風險亦有所不同。

據前述不難發現，營運風險及財務風險之間是有可能相互影響的，換言之，則互有可能為影響因素之一。舉例而言，當企業之營運風險提高，即公司可能因營業收入下滑、產品滯銷或是種種企業營業績效下降跡象顯示時，企業融資對象可能據以評估給予較低之融資額度，或提前結束融資合約；反過來說，當企業在營運上成長迅速，給予投資人或是外部融資者較高評價時，企業能輕易取得融資機會，或獲取較高之融資額度，在此情況下，企業之營運風險及財務風險則雙雙下降。

資產負債表外融資（Off-Balance-Sheet Financing）

簡稱表外融資，是指不需列入資產負債表的融資方式，即該項融資既不在資產負債表的資產方表現為某項資產的增加，也不在負債及所有者權益方表現為負債的增加。

1. 長期租賃。現行會計準則只要求資產負債表對融資性租賃的資產與負債予以反映，承租人往往會想方設法地（有時以放棄一些利益為代價）和出租人締結租賃協議，改變租賃條件而避免認列負債。

2. 合資經營。若某企業持有其他企業相當數量、但未達到控股程度的所有者權益，後者被稱為未合併企業，由於該企業並不控制未合併企業，因此只須將長期投資作為一項資產予以確認，而不必在資產負債表上反映未合併企業的債務。

3. 資產證券化。其操作方式通常是融資方將某項資產的所有權轉讓給金融機構，該金融機構再以此項資產的未來收益為保證，在債券市場上以發行債券的方式向投資者進行融資。雖然資產證券化在經濟實質上屬於一種融資活動，但從法律角度來看，它只是某項資產的轉讓，所以也不被要求在資產負債表上進行反映。

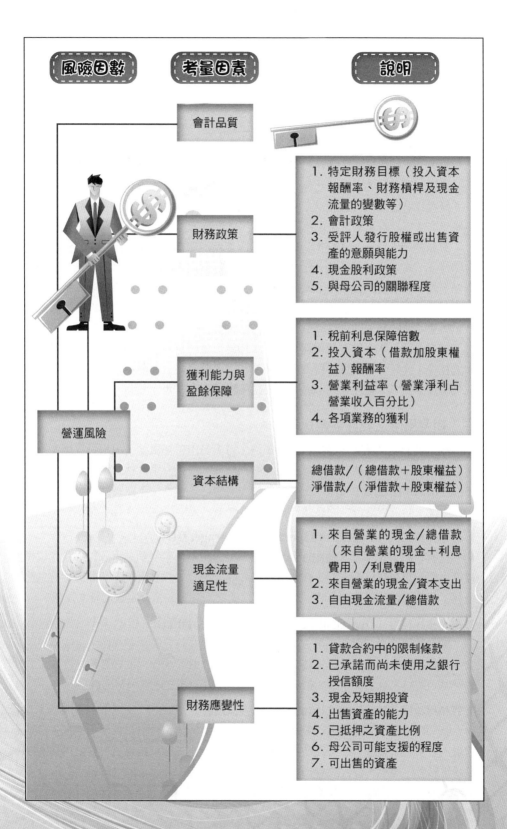

風險因數　　考量因素　　　　說明

會計品質

財務政策
1. 特定財務目標（投入資本報酬率、財務槓桿及現金流量的變數等）
2. 會計政策
3. 受評人發行股權或出售資產的意願與能力
4. 現金股利政策
5. 與母公司的關聯程度

獲利能力與盈餘保障
1. 稅前利息保障倍數
2. 投入資本（借款加股東權益）報酬率
3. 營業利益率（營業淨利占營業收入百分比）
4. 各項業務的獲利

營運風險

資本結構
總借款／（總借款＋股東權益）
淨借款／（淨借款＋股東權益）

現金流量適足性
1. 來自營業的現金／總借款（來自營業的現金＋利息費用）／利息費用
2. 來自營業的現金／資本支出
3. 自由現金流量／總借款

財務應變性
1. 貸款合約中的限制條款
2. 已承諾而尚未使用之銀行授信額度
3. 現金及短期投資
4. 出售資產的能力
5. 已抵押之資產比例
6. 母公司可能支援的程度
7. 可出售的資產

Unit 12-3
經營風險分析

一、運用統計方法衡量經營風險

在衡量許多不確定性情況時，最常使用的方法多為統計工具，例如在做投資時，對於股票報酬的計算，也常用統計工具去做計算，而在風險的衡量上，統計工具亦能發揮它的功效。在統計工具的使用上，我們通常會以標準差、變異數及變異係數等方法來計算風險之波動程度。

在衡量時，第一先決定衡量的指標，而在此步驟首重挑選出適當的會計項目或財務比率，而挑選依據則依分析目的為主。在挑選比率時，先判斷要衡量之風險，舉例來說，衡量企業經營風險時，可選較具相關性且與財務結構較無關的營業收入或是營業淨利；而獲利能力，則可以營業淨利率或資產報酬率等比率進行衡量；而若是衡量償債能力，則可以負債比率、利息保障倍數等比率衡量。

綜合營運風險及財務風險兩者判斷，即為衡量經營風險時，則需同時考量兩風險之特性，此時即可挑選如稅前或稅後淨利等會計項目，而財務比率部分則可以稅前或稅後淨利率、資產報酬率或股東權益報酬率等比率進行衡量。

二、衡量風險之相關財務比率

經由統計方式衡量出企業的經營風險，可衡量出營運風險，但卻難以衡量企業之財務風險。而在此將介紹三項常用的財務槓桿，藉以分別評估營運風險及財務風險部分。而槓桿之運用方式，主要為運用經濟學之「彈性」，並將此概念運用於分析風險上。而下列則分別簡述此三種財務槓桿：

1. 營運槓桿程度（Degree of Operating Leverage, DOL）

依同一銷售規模下，營業淨利變動之百分比隨銷售量變動之百分比。在此槓桿程度中假設企業無外部融資，即未有營業外收支部分，故其營業淨利即為稅前息前淨利；若公司有營業外收支時，計算槓桿之營業淨利即為依據定義之營業淨利。

2. 財務槓桿程度（Degree of Financial Leverage, DFL）

顧名思義為衡量財務風險之指標，並假設公司在特定資本結構時，營業淨利受到利息費用之影響而承受之不確定性。在衡量上，財務槓桿程度之影響程度取決於固定財務費用之金額，意即此槓桿程度之大小常因公司之融資決策而波動。

3. 總槓桿程度（Degree of Total Leverage, DTL）

為同時考量了上述兩者之槓桿程度，係指在某一銷售規模及負債水準下，當銷售量或營業收入變動時，每股盈餘隨之變動之百分比。而可推導出，當公司突破損益兩平點時，總槓桿程度將會愈大，此時則代表公司之每股盈餘受銷售量之影響愈劇烈，則公司所面臨之經營風險亦隨之增加。

經營風險的會計對策

轉嫁風險
說到風險，人們的第一反映是找保險公司。然而保險公司一般受理的是可統計且無投機因素的純粹風險與靜態風險，如企業財產險、職工人身安全險、車船險等。企業以盈利為目的的經營風險，如長期投資風險、財務風險等為不可保風險（特例除外），就需尋找其他對策。

迴避
即對於風險較大的人、物、業務予以迴避。如在融資業務中，對信用可靠度低的對象不予受理，在營銷活動中，對缺乏市場調查、產品設計存在明顯缺陷的營銷計畫，予以拒絕等。

加強防範
對無法投保又無法迴避的經營風險，企業會計可採用積極的預防性措施，降低損失發生的可能性。如為降低賒銷中壞帳風險，可加強對賒帳客戶的管理，對客戶的信用進行調查和甄別，對應收帳款的帳齡進行分析，建立賒銷責任制度等。

組合
運用大數法則，增加承擔風險個體的數量，降低損失發生的比例。如為降低長期投資項目的投資風險，可採用合資、合夥或股份化的組織形式來籌資組建；為降低證券投資的風險，可做多元化的投資組合等。

自留
對以上四個對策難以適用的經營風險，企業只能估計並承擔。

信用風險分析

一、信用評等

信用風險分析之方法可歸類為三者，一為依據專業信用評估機構所評估之信用評等；二為經由企業之財務報表進行分析；而三為以破產預測模型進行評估。在風險評估上，信用評估對報表使用者（投資人或債權人等）尤其重要，因當公司破產時，不管是投資人或是債權人都將承受一定之損失。

而在各專業信用評估機構所做之評估中，常依據各公司影響其償債能力之各種可能因素，並量化，爾後給予各受評估之公司等級、分數或是評等。而投資者及債權人則可以依據此評等初步分析，藉以進行決策。

在國際上之信用評等機構，最廣為人知的為標準普爾（Standard & Poor's, S&P）、穆迪（Moody's）及惠譽（Fitch）等三家信用評等機構，而在各評等分數中，又可以區分為兩種，分別為「投資等級」及「投機等級」，而區分之分界依機構有所不同，在 1. 標準普爾及惠譽評等為BBB以上，或 2. 穆迪之評等等級在Baa以上為「投資等級」，而未達前述等級時則為「投機等級」。而當企業評等等級為C時，代表該公司已申請破產或採取類似行動，但仍有能力償還部分債務；若評等等級為D時，則表示公司不僅已申請破產，且幾乎無能力償付債務。

二、財務報表分析之運用

在經過初步的瞭解上述之信用評估機構之評等後，亦可以分析企業之財務報表之方式對企業進行評估，此法亦為面對未受信用評等之公司時最常使用的方法。而在對企業進行財務報表分析時，最常以企業之財務構面進行分析，分別從「流動性」、「長期償債能力」、「資源運用效率」、「投入資本報酬」及「獲利能力」等財務構面著手，並從各構面中挑選適當之財務比率分析。

在各財務比率中，最常見的比率為「流動比率」、「負債比率」、「速動比率」、「應收帳款週轉率」、「存貨週轉率」等，並配合營運槓桿及財務槓桿綜合考量。此外在分析時，亦需參照企業之前期或前幾期之相同比率，及同業企業之數額，加以進行分析，提高分析之精確度，並降低風險。

三、破產預測模型

第三種信用風險評估之方法亦為財務報表分析之延伸，但有別於財務報表分析所使用分析企業是否陷入財務危機之財務危機預警模型，此模型一般為引用學者所建立之Z分數模型或KMV模型，但在模型運用時，並非完全準確預測企業是否陷入危機之中，仍是存在型I誤差及型II誤差，而兩者之差異則為，前者為預測公司並未陷入危機，但實際上企業已陷於財務危機；後者則為實際上財務健全之企業，卻被模型預測為發生財務危機之公司。

信用風險的影響

信用風險對形成債務、債權都有影響，主要對債券的發行者、投資者和各類商業銀行和投資銀行有重要作用。

對債券發行者的影響

- 因為債券發行者的借款成本與信用風險直接相聯繫，債券發行者受信用風險影響極大。計畫發行債券的公司會因為種種不可預料的風險因素而大大增加融資成本。例如：平均違約率升高的消息，會使銀行增加對違約的擔心，從而提高了對貸款的要求，使公司融資成本增加。即使沒有什麼對公司有影響的特殊事件，經濟萎縮也可能增加債券的發行成本。

對債券投資者的影響

- 對於某種證券來說，投資者是風險承受者，隨著債券信用等級的降低，則應增加相應的風險貼水，即意味著債券價值的降低。同樣，共同基金持有債券組合會受到風險貼水波動的影響。風險貼水的增加，將減少基金的價值並影響到平均收益率。

對商業銀行的影響

- 當借款人對銀行貸款違約時，商業銀行是信用風險的承受者。銀行因為兩個原因會受到相對較高的信用風險。首先，銀行的放款通常在地域上和行業上較為集中，這就限制了通過分散貸款而降低信用風險的方法之使用。其次，信用風險是貸款中的主要風險。隨著無風險利率的變化，大多數商業貸款都設計成是浮動利率的。這樣，無違約利率變動對商業銀行基本上沒有什麼風險。而當貸款合約簽訂後，信用風險貼水則是固定的。如果信用風險貼水升高，則銀行會因為貸款收益不能彌補較高的風險而受到損失。

知識補充站　信用風險之防範

1. 建立信用資金的風險與收益對稱的產權制度安排和風險約束機制，完善信用制度。2. 健全信息披露制度，改善信用過程的信息條件，減少不確定性，儘量避免逆向選擇和道德風險行為的發生。3. 通過先進的管理方法和電腦系統，建立和完善風險預警體系，提高授信者的決策精準度。4. 強化整體的監控部門和機制，防止信用危機的擴張和蔓延。

第 **13** 章

金融控股公司
財務分析

●●●●●●●●●●●●●●●●●●●●●●●●●●●●● 章節體系架構 ▼

Unit13-1　金融控股公司財務分析

Unit **13-1**
金融控股公司財務分析

　　欲分析金控公司之財務結構與經營績效，常以負債占淨值比率、負債比率、雙重槓桿比率、資本適足率、股東權益報酬率、總資產報酬率為之，其中資本適足率與雙重槓桿比率特用於金融業或以金融業為主體之金融控股公司。此外，利用財務比率進行分析時，各金控公司之主要業務為何應特別考慮，以銀行業為主體之中信、富邦、台新與以壽險業為主體之國泰、新光大相逕庭，故比率之選用與非財務面之考量應與財務技術面之重要性等量觀之。

一、資本適足率

　　資本適足率（Capital Adequacy Ratio）又稱自有資本比率，係指合格自有資本占風險性資產之比率。簡言之，此比率係表彰依金融機構之風險承擔能力。合格自有資本之組成可分為三類，分別為1.直接承擔金融機構損失及風險之自有資本；2.於繼續經營假設下，可負擔損失與風險的資本項目；3.已發行之短期債券與永續累積特別股。就合格資金之來源面論之，由於金融控股公司與社會經濟穩定密切相關，故其資金來源宜來自長期資金。

二、雙重槓桿比率

　　雙重槓桿比率（Double Leverage Ratio）係指長期投資占其股東權益的比率。此比率用來衡量金控公司以自有資金或是舉債投資的情況。依《臺灣地區與大陸地區金融業務往來及投資許可管理辦法》之規定，臺灣地區金融控股公司之財務狀況需符合本次參股投資後之集團資本適足率達110%以上 、計入本次參股投資金額後之雙重槓桿比率，不得超過115%，方能向主管機關提出申請。

212

金融控股公司（Finance Holding Company）

　　透過成立一間控股公司的間接方式來進行金融業跨業整合。金融控股公司並不能直接從事金融業務或其他商業，但它可投資控股的範圍則包括銀行業、票券金業業、信用卡業、信託業、保險業、證券業、期貨業、創投業、外國金融機構等。整合後可透過交叉行銷，在同一個行銷通路上販賣保險、證券、債券、信用卡等各種金融商品以產生綜效的組織型態。
金融控股公司的潛在風險：1. 系統風險：金融控股公司由於占有金融資源過大，其外部系統風險的危害比較大。2. 內幕交易和利益衝突：由於集團內子公司的利益相互影響，可能出現內幕交易、損害消費者利益。3. 財務槓桿比率過高：金融控股集團容易以資本操作方式來美化其財務槓桿比率。

重要比率

功能

負債占淨值比率

負債占資產比率

雙重槓桿比率

集團資本適足率

衡量金控公司的風險暴露程度，包括財務風險及整體經營風險。

股東權益報酬率

總資產報酬率

衡量金控公司之績效表現。

雙重槓桿比率(Double Leverage Ratio,DLR)

$$DLR = \frac{對子公司長期股權投資}{子公司股東權益淨值}$$

資本適足率(Double Leverage Ratio, DLR)

$$DLR = \frac{自有資本淨額}{風險性資產總額}$$

知識補充站

《金融控股公司法》第41條

為健全金融控股公司之財務結構，主管機關於必要時，得就金融控股公司之各項財務比率，定其上限或下限。

金融控股公司之實際各項財務比率，未符合主管機關依前項規定所定上限或下限者，主管機關得命其增資、限制其分配盈餘、停止或限制其投資、限制其發給董事、監察人酬勞或為其他必要之處置或限制；其辦法，由主管機關定之。

第 **14** 章

企業併購

●●●●●●●●●●●●●●●●●●●●●●●●● 章節體系架構 ▼

Unit 14-1
企業併購

企業併購發軔於1990年代，併購類型主要可分為橫向併購（壟斷式的併購）、縱向併購（降低成本為目標之併購）與混合併購理論（擴大企業聲譽之併購）。無論何種類型，其終極目標皆為追求全體股東之最大利益。基於此目的，併購案之價格合理與否至關重大，企業管理者應考量合併綜效與併購淨現值。

一、合併綜效

假設A公司為主併公司，B公司為被併公司，二公司於實施併購前之價值分別為 PV_A 與 PV_B；而併購後之價值為 PV_{AB}。所謂合併綜效，乃是 PV_{AB} 大於 PV_A 與 PV_B 之合計數。合併綜效之產生，代表二公司之合併確實能產生超額之經濟利益。

二、併購淨現值

合併綜效之產生，未必代表企業管理者執行該併購案確實有利可圖。一併購案之執行與否，應比較合併綜效與併購溢價之差額後，方能做出財務面之決策。併購溢價乃是指被併公司B之併購價格 P_B 大於 PV_B 之差額。而所稱併購淨現值乃是指合併綜效與併購溢價之差額。

三、企業併購之動機

1. 綜效的考量

(1) 規模經濟

併購後，公司營收規模擴大，可使單位固定成本下降，享受規模經濟，且原料採購數量增加，可提高議價能力，享受較優惠的進貨價格。

(2) 垂直整合

若有垂直關係之上下游廠商合併，則公司從原料採購、生產、分配及銷售一貫作業，皆得以妥善規劃，可享受範疇經濟。

(3) 經營效率

兩家公司的研發、管理、行銷等部門可以整合，節省重複的人員與工作，並且使雙方的技術與人才得以互補交流，提高經營效率。

(4) 增加市場力量

若與同業中從事相同業務的公司合併，可提高市場占有率，增加對於市場的控制力，但需（節稅、稅務規劃）避免違反公平交易法而產生法律問題。

2. 租稅的考量

合併綜效評估

$$合併綜效 = PV_{AB} - (PV_A + PV_B)$$

併購淨現值評估

$$
\begin{aligned}
併購的淨現值 &= 合併綜效 - 併購溢價 \\
&= PV_{AB} - (PV_A + PV_B) - (併購價格 - PV_B) \\
&= (PV_{AB} - 併購價格) - PV_A
\end{aligned}
$$

併購類型	說明
橫向併購	橫向併購的基本特徵就是企業在國際範圍內的橫向一體化。近年來,由於全球性的行業重組浪潮,結合我國各行業實際發展需要,加上我國國家政策及法律對橫向重組的一定支持,行業橫向併購的發展十分迅速。
縱向併購	縱向併購是發生在同一產業的上下游之間的併購。縱向併購的企業之間不是直接的競爭關係,而是供應商和需求商之間的關係。因此,縱向併購的基本特徵是企業在市場整體範圍內的縱向一體化。
混合併購	混合併購是發生在不同行業企業之間的併購。從理論上看,混合併購的基本目的在於分散風險,尋求範圍經濟。在面臨激烈競爭的情況下,我國各行各業的企業都不同程度地想到多元化,混合併購就是多元化的一個重要方法,為企業進入其他行業提供了有力、便捷、低風險的途徑。 

Unit **14-2**
企業併購價格評估

　　前文提及之合併綜效與併購的淨現值為企業併購之基本概念。而實際的評估過程必須考量主併公司及被併公司之公司價值，常用的評價模式包括自由現金流量折現法、帳面價值調整法及市場比較法。

一、收益基礎法

　　此評價法認為公司的價值主要來自於未來所創造的現金流量之現值總和，其概念為運用標的物未來產生之現金流量，採用適當之折現率，以淨現值方法估算標的物之價值。除應用最為廣泛之自由現金流量折現法外，常見收益基礎法有股利折現法、會計盈餘折現法、經濟利潤折現法。

二、資產基礎法

　　資產基礎法認為企業的價值，在於其擁有的資產價值，故此法之核心在於如何評估企業所擁有之資產價值。此法之概念為以標的物之財務報告所表達之帳面價值為基礎，將標的物之資產進行調整以反映市場公平價值，以茲作為併購價格依據。本法之困難在於，所有資產負債科目需視為單一的評價標的，並視各個評價標的特性，選擇適當的方法進行評價；因此，本評價法十分龐雜。

三、市場比較法

　　此評價方法不需太多評價假設，且使用實際數據估算價值，因而被認為較客觀。其缺點為同類公司不易尋找，或根本不存在，即使找到，由於每家企業的特性可能都不相同，調整並非易事，因此評價準確度勢必受影響。市場比較法不同於一般，此法除財務面（諸如本益比、市價淨值比、市價營收比）之考量外，非財務面（諸如規模、風險、市場地位）之考量亦居樞紐地位。以台新金於2005年競標彰銀特別股為例，當時彰銀每股普通股市價為18元，但台新金對彰銀特別股之得標金額為每股26.12元。以此例可得知，以市場比較法估算併購價格，並非單純以市價乘以本益比即可為之，亦需考量無法量化之非財務因素。

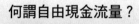

何謂自由現金流量？

　　自由現金流量是一種財務方法，用來衡量企業實際持有的能夠回報股東的現金。指在不危及公司生存與發展的前提下，可供分配給股東（和債權人）的最大現金額。自由現金流量表示的是公司可以自由支配的現金。如果自由現金流量豐富，則公司可以償還債務、開發新產品、回購股票、增加股息支付。同時，豐富的自由現金流量也使得公司成為併購對象。

方法		常用比率/標準

收益基礎法	 1.股利折現法 2.會計盈餘折現法 3.經濟利潤折現法 4.自由現金流量折現法

資產基礎法	1.清算價值 2.淨變現價值

市場比較法	1.市價盈餘比 　(亦稱本益比；每股價格/每股盈餘) 2.市價帳面價值比 　(股價淨值比；每股價格/每股帳面價值) 3.市價銷售額比 　(本銷比；每股價格/每股營收) 4.市價現金流量比 　(每股價格/每股現金流量)

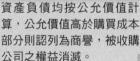 購買法　　　　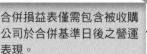 權益結合法

	購買法	權益結合法
意義	使用現金支付,會計處理上使用購買法。	發行新股,使其滿足權益購買法之條件,會計上使用權益結合法。
對資產負債表之影響	資產負債均按公允價值計算,公允價值高於購買成本部分則認列為商譽,被收購公司之權益消滅。	資產負債金額為收購公司與被收購公司之帳面價值加總後的結果,公司股價或支付之價格未反映在資產負債表中。
對損益表之影響	合併損益表僅需包含被收購公司於合併基準日後之營運表現。	合併損益表需包含雙方公司全年度之營運表現。
對現金流量表之影響	視併購為買賣交易行為,會在現金流量表中揭露與併購有關之現金流量。	代表公司以交換股權的方式進行併購,對現金流量表沒有影響。

第15章 案例分析

Unit 15-1
案例公司介紹

在分析公司之財務報表時，應採用同產業公司作比較，因每個產業的波動情況不相同，因此較難以分析公司間的差異，本書則採用2019年至2020年兩年間，上市電腦及周邊設備產業的兩家公司，並納入該產業整體發展趨勢以檢視兩公司趨勢之案例分析。

A公司：年度財報公司簡介

(1) 普通股股本：30,478,538,000

(2) 營收比重：個人電腦產品84%、電腦周邊及其他產品16%

產品	2020年度	%	2019年度	%
個人電腦	176,948,246	84%	145,404,204	84%
電腦週邊	32,638,227	16%	28,255,200	16%
小計(千元)	209,586,473	100%	173,659,404	100%

B公司：年度財報公司簡介

(1) 普通股股本：300,000

(2) 營收比重：個人電腦產品96%、電腦周邊及其他產品4%

產品	2020年度	%	2019年度	%
個人電腦	496,253	96%	527,989	98%
電腦週邊	22,224	4%	11,631	2%
小計(千元)	518,477	100%	539,620	100%

Unit 15-2
歷年各向度財務比例分析

以下數據取自公開觀測資訊站個案與產業之資訊。

一、償債能力：該向度比例越高越佳，代表企業獲利足以支付營運負債

以償債能力三指標比例，B公司的流動與速動比皆優於A公司，惟自2019年至2020年間B公司比例呈現逐漸下降趨勢，不過皆與電腦及周邊設備整體產業的均值相近。然而，第三指標利息保障倍數，A公司表現優於B公司，顯示A公司的債權人受到保障的程度較高，反觀B公司該比例趨勢波動較大。

分析構面	分析指標	標的		2019Q1	2019Q2	2019Q3	2019Q4	2020Q1	2020Q2	2020Q3	2020Q4
償還能力 (Financial healthy)	流動比率 Current Ration	A		144.03	140.64	141.16	144.1	143.4	135.09	134.7	134.34
		B	★	168.82	202.15	235.09	303.12	169.89	115.3	116.95	136.46
		電腦及周邊設備業		138.76	134.08	134.58	137.6	137.83	131.26	131.15	135.21
	速動比率 Quick Ration	A		94.66	90.08	93.07	13	18.49	47	26.3	88.7
		B	★	163.18	196.88	228.94	298.22	165.71	113.87	116.14	121.98
		電腦及周邊設備業		96.31	96.6	94.36	101.33	94.93	93.62	92.15	97.59
	利息保障倍數 Current Ration	A	★	14.56	21.77	39.63	13	18.49	47	86.3	88.7
		B		3.76	3.99	3.06	1.86	0.78	-0.84	1.24	12.09
		電腦及周邊設備業		539.05	695.32	1012.55	1052.77	709.75	2125.44	2979.77	2768.57

二、經營效率：該向度比例越高顯示企業資產充分被使用

經營效率三指標比例數值顯示A與B公司表現相當，同時與電腦及周邊設備整體產業的均值相近。惟存貨週轉率B公司呈現異常大。存貨週轉率高，從分子銷貨成本高角度分析，以解釋企業推銷商品能力與經營績效表現較佳，致出貨迅速提升銷貨成本，但若從分母平均存貨數值較低角度檢視，庫存存貨低，有可能表示公司存貨不足，導致銷貨機會喪失之可能。

分析構面	分析指標	標的		2019Q1	2019Q2	2019Q3	2019Q4	2020Q1	2020Q2	2020Q3	2020Q4
經營效率 (Efficiency) 營運能力分析	應收款項週轉率 Receivables Turnovr Ration	A		1.19	1.2	1.3	1.24	1.1	1.46	1.47	1.46
		B		1.66	1.46	1.42	1.43	1.41	1.87	1.49	1.37
		電腦及周邊設備業		1.37	1.52	1.5	1.59	1.27	1.67	1.54	1.66
	存貨週轉率 Inventory Turnover	A		1.18	1.14	1.25	1.3	1.17	1.67	1.94	1.81
		B	▲	391.98	435.85	123.99	116.45	589.22	597.85	859.19	862.39
		電腦及周邊設備業		1.59	1.73	1.83	2.09	1.48	1.83	1.86	1.99
	總資產週轉率 Total Asset Turnover	A		0.36	0.35	0.39	0.39	0.33	0.43	0.48	0.47
		B		0.21	0.21	0.19	0.15	0.12	0.18	0.2	0.18
		電腦及周邊設備業		0.39	0.41	0.44	0.48	0.34	0.45	0.45	0.48

三、獲利能力：該向度比例越高且持續，顯示企業創造獲利的實力越高

獲利能力四個指標，A公司趨勢呈現穩定且營業利益率優於整體產業均值，B公司趨勢起伏相對較大，顯示A公司在創造利益、回饋股東方面表現穩定，維持企業繼續經營。

分析構面	分析指標	標的		2019Q1	2019Q2	2019Q3	2019Q4	2020Q1	2020Q2	2020Q3	2020Q4
獲利能力 (Profitability)	毛利率 Gross Margin	A	★	10.55	10.76	10.6	10.31	10.13	10.88	10.49	11.66
		B		1.92	1.47	1.25	1.52	-0.75	-2.08	1.74	6.87
		電腦及周邊設備業		21.78	21.53	22.53	19.64	16.74	16.6	13.1	16.43
	營業利益率 Operating Profit Margin	A	★	1.01	1.06	1.23	1.89	0.04	3.24	3.64	4.7
		B		-0.03	-0.36	-0.52	-1.77	-5	-4.89	0.69	4.78
		電腦及周邊設備業		-40.16	-0.52	-3.34	-0.52	-6.45	-5.68	-12.75	-3.71
	股東權益報酬率 Return On Equity (ROE)	A	★	1.18	0.72	2.01	0.42	0.95	2.16	4	3.39
		B		1.05	1.02	0.75	0.22	-0.1	-0.91	0.09	4.72
		電腦及周邊設備業		1.59	2.1	3.03	2.76	1.33	3.67	4.34	3.91
	資產報酬率 Return On Assets (ROA)	A	★	0.46	0.27	0.73	0.16	0.37	0.81	1.4	1.15
		B		0.47	0.44	0.33	0.1	-0.05	-0.39	0.04	1.84
		電腦及周邊設備業		0.59	0.77	1.08	1.01	0.5	1.32	1.51	1.36

四、成長性：該向度檢視當期與前期的發展，應觀察其趨勢是否穩定持續性

營收成長率，以當季營收與上季觀察成長幅度，三者趨勢如【圖一】營收成長率趨勢圖表現。

營業利益成長率，以當期營業利益與去年同期觀察年度成長幅度，三者趨勢如【圖二】營業利益成長率趨勢圖表現。

稅後純益成長率，以當期稅後純益與去年同期觀察年度成長幅度，三者趨勢如【圖三】稅後純益成長率趨勢圖表現。

上述三比例若以電腦及周邊設備產業整體產業成長性做觀測基值，A公司、B公司與產業整體趨勢起伏一致，惟B公司起伏幅度相對較大。

分析構面	分析指標	標的	2019Q1	2019Q2	2019Q3	2019Q4	2020Q1	2020Q2	2020Q3	2020Q4
成長性 (Growth)	營收成長率 Revenue Growth Rate	A	-0.18	-5.73	-3.76	-3.27	-10.69	18.95	27.35	34.16
		B	74.48	64.72	52.08	1.22	-44.21	-16.76	19.7	42.02
		電腦及周邊設備業	0.98	5.09	-1.08	-2.04	-11.65	10.7	10.3	9.34
	營業利益成長率 Operating Profit Margin Growth Rate	A	1.25	-32.26	-33.76	6.78	-96.57	264.4	275.69	232.89
		B	94.4	7.72	54.14	-429.43	-9448.84	-2027.22	259.1	483.7
		電腦及周邊設備業	-19.55	12.96	30.04	14.07	-17.96	79.15	43.55	31.48
	稅後純益成長率 Profit Margin Growth Rate	A	4.53	-50.23	34.67	-48.62	-21.41	186.93	95.26	714.11
		B	253.29	-49.03	52.94	-80.08	-110.1	-189.04	-87.95	2082.1
		電腦及周邊設備業	-9.35	1.78	18.08	35.23	-13.32	67.7	46.12	44.67

營收成長率趨勢圖〔圖一〕

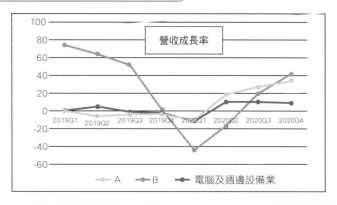

營業利益成長率趨勢圖〔圖二〕

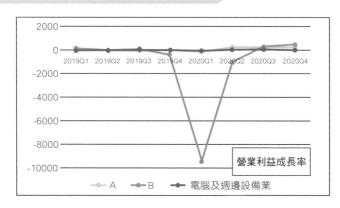

稅後純益成長率趨勢圖〔圖三〕

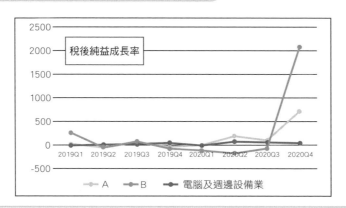

練習題

第1章

( ) 1. 財務報表分析的目的為：

(A) 分析企業的經營及獲利能力　(B) 分析企業的短期償債能力

(C) 分析企業的長期償債能力　　(D) 以上皆是

( ) 2. 在分析財務報表時，債權人的最終目的為：

(A) 瞭解企業未來的獲利能力　　　(B) 瞭解企業的資本結構

(C) 瞭解債務人是否有能力償還本息　(D) 瞭解企業過去的財務狀況

( ) 3. 財務報表分析：

(A) 可直接提供分析者有效的決策

(B) 只需參考四種主要的財務報表及附註

(C) 只能提供制定決策所需的有關資訊

(D) 所得到的各種財務比率結果都會一致

( ) 4. 下列哪些團體有可能要看公司的財務報表？

(A) 股東及債權人　(B) 員工　(C) 學術界　(D) 以上皆是

( ) 5. 決定財務報表資訊是否具有「重要性」的標準，通常是看該項資訊是否：

(A) 影響企業的總資產金額　　　(B) 影響企業的盈餘金額

(C) 影響一個正常投資人的專業判斷　(D) 影響企業的現金流量

◎第1章解答

1. D	2. C	3. C	4. D	5. C

第2章

( ) 1. 下列何者為靜態報表？

(A) 資產負債表　(B) 綜合損益表　(C) 權益變動表　(D) 現金流量表

( ) 2. 企業之主要財務報表為綜合損益表、資產負債表、權益變動表及現金流量表，其中靜態報表有：

(A) 一種　(B) 二種　(C) 三種　(D) 四種

( ) 3. 一項會計資訊可以公正表達一企業在某特定日或某會計期間的經濟情況，足以使資訊使用者信賴，此項特性稱為：

(A) 攸關性　(B) 適時性　(C) 可驗證性　(D) 可靠性

( ) 4. 計算廠房設備的折舊時，會計人員最需要考慮的會計原則為：

(A) 客觀原則　(B) 收入實現原則　(C) 充分表達原則　(D) 配合原則

( ) 5. 對於資產、負債、收入及費用的認列，下列哪一項非會計執行上的基本原則？

(A) 重要性原則　(B) 成本原則　(C) 收入實現原則　(D) 配合原則

◎第2章解答

1. A	2. A	3. D	4. D	5. A

第3章

( ) 1. 有關共同比財務報表，下列何者為非：
   (A) 是縱的財務分析
   (B) 可以比較公司與其他同業所支付的所得數額
   (C) 可以用於不同大小之公司間比較
   (D) 只能顯示百分比而無絕對金額

( ) 2. 趨勢分析：
   (A) 用來比較不同期間和基期的財務資訊
   (B) 用來比較損益表中，每一項目和淨銷貨收入之比率
   (C) 當基期之數額為 0 或負值時，應用趨勢分析
   (D) 用來指出基期報表中之某一項目，需作進一步調查

( ) 3. 橫向分析：
   (A) 可以金額、百分比或二者之增減變動表示之
   (B) 和共同比分析相同
   (C) 和比率分析相同
   (D) 顯示報表中的某一項目和一總數間的關係

( ) 4. 有關趨勢分析與比較分析之比較，下列何者為非？
   (A) 皆為水平分析
   (B) 趨勢分析僅就財務報表某部分分析，而比較分析以整個財務報表為對象
   (C) 作趨勢分析時應同時對照絕對數字，而比較分析有絕對數字比較法
   (D) 兩者皆將比較金額及增減金額同時列示

( ) 5. 下列對比較分析之敘述，何者正確？
   (A) 銷貨增加表示獲利一定增加　(B) 比較分析應考慮物價變動之影響
   (C) 負債增加為不利經營之現象　(D) 擴充廠房必須發行新股籌措資金

◎第3章解答

1. B	2. A	3. A	4. D	5. B

第4章

( ) 1. 安樂公司在本期當中沒有任何銷貨，專家大衛說其損益表中：A 銷貨毛利金額應為零　B 銷貨折扣金額應為零　C 營業利益金額應為零 D 稅後淨利金額應為零

　　　(A) 只有 A 和 C 正確　(B) 只有 A 和 B 正確

　　　(C) A B C D 皆正確　(D) 皆不正確

( ) 2. 甲公司當年度淨利為 $132,000，應付帳款增加 $10,000，存貨減少 $6,000，應收帳款增加 $12,000，預收收入減少 $2,000，則在間接法下，甲公司當年度由營業活動而來的現金為：

　　　(A) $100,000　(B) $110,000　(C) $122,000　(D) $134,000

( ) 3. 民國89年度旺盛公司之會計紀錄顯示，當年度銷貨成本為$60,000，存貨較去年減少$7,500，應付帳款較去年增加$3,000。如果採直接法編制現金流量表，則現金基礎之銷貨成本為：

　　　(A) $73,500　(B) $61,500　(C) $58,500　(D) $49,500

( ) 4. 以直接法編制現金流量表時，下列哪一個項目會出現在現金流量表中？

　　　(A) 出售資產損失　(B) 應付帳款增加數

　　　(C) 折舊費用　　　(D) 支付給供應商之現金

( ) 5. 甲公司當年度之財務訊息如下：淨利 $10,000，存貨增加 $2,000，應付帳款增加 $3,000，出售資產利得 $500，則由營業活動而來的現金流量為：

　　　(A) $4,500　(B) $5,500　(C) $9,500　(D) $10,500

◎**第4章解答**

1. B	2. D	3. D	4. D	5. D

第5章

( ) 1. 廠房設備之交易活動屬於？

　　　(A) 融資活動　(B) 投資活動　(C) 營業活動　(D) 理財活動

( ) 2. 下列哪一項為投資活動：

　　　(A) 現金發行股本　(B) 提列折舊費用

　　　(C) 支付股利　　　(D) 購買建築物

( ) 3. 公司 2000 年度之賒銷金額為 $25,000，若應收帳款期初餘額為 $5,000，期末餘額為 $10,000，則自客戶處收取之現金為：

　　　(A) $20,000　(B) $25,000　(C) $30,000　(D) $35,000

( ) 4. 92 年中以 $200,000 出售成本 $300,000，已提累積折舊 $185,000 之機器，則該項交易於間接法之現金流量表中應該如何表達：

(A) 投資活動中現金流入 $200,000

(B) 營業活動中現金流入 $85,000

(C) 投資活動中現金流入 $85,000

(D) 投資活動中現金流入 $200,000，營業活動中自本期純益減除 $85,000

( ) 5. 富泰公司本年初現金餘額 $40,000，年底現金餘額 $60,000，今悉本年度營業活動的現金淨流入為 $600,000，融資活動淨現金流出為 $150,000，則投資活動的淨現金流量為：

(A) 流出 $6,000　　(B) 流出 $430,000

(C) 流出 $350,000　(D) 流入 $160,000

◎第5章解答

1. B	2. D	3. A	4. A	5. B

第6章

( ) 1. 現金流量表中，發放現金股利屬何種活動：

(A) 營業活動　(B) 投資活動　(C) 籌資活動　(D) 其他活動

( ) 2. 編制現金流量表時，提撥法定盈餘公積，應列在下列何種活動項下？

(A) 營業活動　(B) 投資活動　(C) 籌資活動　(D) 不必揭露

( ) 3. 以股票換取土地應記為：

(A) 來自投資活動之現金流量　(B) 來自融資活動之現金流量

(C) 不必報導　　　　　　　　(D) 不影響現金之重大投資及融資活動

( ) 4. 編制現金流量表時，下列哪一項目應列於融資項目？

(A) 利息費用之付現　(B) 現金股利之付現

(C) 利息收入之收現　(D) 股利收入之收現

( ) 5. 關於現金流量表之不影響現金之投資及融資活動，下列中何者為是？

(A) 報導在現金流量表的主體中

(B) 報導伴隨在現金流量表的個別附註中

(C) 報導在損益表內

(D) 未在財務報表內報導

◎第6章解答

1. A	2. D	3. D	4. B	5. B

第7章

( ) 1. 流動比率 2.4，速動比率 1.8，其流動資產包括：現金、應收帳款、應收票據、存貨及預付費用。其中現金 $210,000、存貨 $150,000、預付費用 $30,000，試計算該公司流動資產為若干？
(A) $690,000　(B) $720,000　(C) $540,000　(D) $650,000

( ) 2. 某公司流動比率為2，速動比率為1，以現金償還應收帳款，將導致：
(A) 流動比率上升，速動比率下降　(B) 流動比率上升，速動比率不變
(C) 兩項比率均不變　　　　　　　(D) 兩項比率均上升

( ) 3. 銷貨 $200,000，銷貨成本 $140,000，銷貨退回 $40,000，進貨費用 $10,000，期初存貨 $30,000，存貨週轉率為：
(A) 7次　(B) 7.5次　(C) 8次　(D) 10 次

( ) 4. 假設一企業的流動比率為1.15，請問下列何種方法可以增加它？
(A) 以賒帳方式購買存貨
(B) 以付現方式購買存貨
(C) 該公司之客戶償還其應付帳款
(D) 以發行長期負債所得之金額償還短期負債

( ) 5. 下列何者較無法迅速直接用以鑑定企業短期償債能力：
(A) 負債比率　(B) 流動比率　(C) 速動比率　(D) 淨速動資產

◎第7章解答

1. B	2. B	3. A	4. D	5. A

第8章

( ) 1. 下列哪一個財務比率對投資人最重要：
(A) 每股盈餘　(B) 負債比率　(C) 流動比率　(D) 存貨週轉率

( ) 2. 負債比率的主要目的係評估：
(A) 短期清算能力　(B) 債權人長期風險
(C) 獲利能力　　　(D) 投資報酬率

( ) 3. 以下何者可瞭解企業自有資金的比例？
(A) 權益比率　　　　(B) 債務比率
(C) 債務對權益的比率　(D) 以上皆可

( ) 4. 下列何者不會造成利息保障倍數下降？
(A) 應付債券上升而營運收入不變　(B) 利率上升
(C) 特別股股利上升　　　　　　　(D) 銷貨成本提高而利息費用不變

( ) 5. 槓桿與企業舉債及使用固定成本的程度有關，因而影響企業的資本及成本結構，若銷售額維持不變時，營運槓桿程度將因固定成本的增加而：

(A) 變小　(B) 變大　(C) 不變　(D) 不一定

◎第8章解答

| 1. A | 2. B | 3. D | 4. C | 5. B |

第9章

(　) 1. 下列有關總資產報酬率之敘述，何者不正確？
(A) 分母為平均資產總額　　　　(B) 分子為淨利加利息費用
(C) 為衡量獲利能力的指標之一　(D) 為投資報酬率之一種

(　) 2. 某公司 91 年之淨利率為 15%，總資產週轉率為 1.5，股東權益比率為
50%，則其 91 年股東權益報酬率約為若干？
(A) 45%　(B) 10.80%　(C) 13.33%　(D) 6%

(　) 3. 負債比率提高，將使股東權益報酬率如何變動？
(A) 提高　(B) 降低　(C) 不一定　(D) 不變

(　) 4. 固定資產週轉率之計算公式為：
(A) 銷貨收入淨額／平均固定資產
(B) 平均固定資產／銷貨收入淨額
(C) 平均固定資產／折舊費用
(D) 折舊費用／平均固定資產

(　) 5. 某企業的營業利益率為產業之冠，而淨利卻敬陪末座，可能的原因為
何？
(A) 該企業所生產的產品附加價值太低
(B) 該企業依賴鉅額借入款擴充設備
(C) 該企業為了開發高利潤產品，發生大筆研究發展費用
(D) 因為經濟不景氣，該公司產品嚴重滯銷

◎第9章解答

| 1. B | 2. A | 3. C | 4. A | 5. B |

第10章

(　) 1. 甲公司於 86 年底之資產總額為 $390,000，負債總額為 $120,000，流
通在外普通股（面額 $10）為 $90,000，則普通股的每股帳面價值為
何？
(A) $10　(B) $20　(C) $30　(D) $34

(　) 2. 設某公司 93 年度的每股盈餘為 $5，每股可配股利為 $3，而 93 年底
每股帳面價值為 $36，每股市價為 $45，則該股票之本益比為？
(A) 9 倍　(B) 12 倍　(C) 15 倍　(D) 7.2 倍

（　）3. 下列敘述何者為非？
　　　　(A) 兩公司今年本益比相同，不代表兩公司成長性一樣
　　　　(B) 產業成長性低的公司，其本益比會較高
　　　　(C) 公司面臨風險的改變會影響本益比變動
　　　　(D) 會計方法變動會影響本益比

（　）4. 企業在取得資產後，無法在需要賣出時出售或必須大幅降價出售之風
　　　　險稱為：
　　　　(A) 企業風險　(B) 財務風險　(C) 流動性風險　(D) 購買力風險

（　）5. 假設你於一年前購得一股票，成本為 $40，目前的價格為 $43（已除
　　　　息），而且你剛接到 $3 的現金股利，請問報酬率為多少？
　　　　(A) 5.33%　(B) 8.00%　(C) 15.00%　(D) 18.00%

◎第10章解答

1. C	2. A	3. B	4. C	5. C

第11章

（　）1. 一般而言，下列哪一項目和企業現金流量的預測有最密切的關係？
　　　　(A) 預測之進貨金額　(B) 預測之銷貨金額
　　　　(C) 預測之營業費用金額　(D) 預估資金成本

（　）2. 下列哪一個項目可不需在財務報表之附註中表達？
　　　　(A) 關係人交易　(B) 期後事項　(C) 或有利益　(D) 會計政策

（　）3. 上市（櫃）公司在作財務預測時，必須將以下哪些因素列入基本假設
　　　　條件？A 股權投資損失；B 損益損益；C 利益變動
　　　　(A) 只有 A　(B) 只有 A 與 B
　　　　(C) A、B 與 C 都要列入　(D) A、B 與 C 都不要列入

（　）4. 在缺少其他相關訊息時，基於以下哪一項假設性的消息，投資人最有
　　　　可能提高其對五虎電腦未來各年度淨利的預測值？
　　　　(A) 五虎所宣告本年度每人營業收入金額超過先前投資人的預估值
　　　　(B) 五虎所宣告本年度營業成本比率超過先前投資人的預估值
　　　　(C) 五虎所宣告本年度營業比率超過先前投資人的預估值
　　　　(D) 五虎所宣告本年度營業費用比率超過先前投資人的預估值

（　）5. 在損益表上，何項目最能預測未來營業狀況？
　　　　(A) 營業部門稅前淨利　(B) 保留盈餘　(C) 營業費用　(D) 銷貨收入

◎第11章解答

1. B	2. C	3. C	4. A	5. A

圖解財務報表分析

第12章

( ) 1. 一家公司的營運槓桿程度最容易受到下列哪一因素所影響？

　　　　(A) 固定成本　(B) 變動成本　(C) 單位售價　(D) 銷售量

( ) 2. 請問下列哪一指標較不適合用來衡量營運風險？

　　　　(A) 營業收入　(B) 總資產報酬率

　　　　(C) 營業淨利　(D) 股東權益報酬率

( ) 3. 下列有關財務槓桿程度之敘述，何者正確？

　　　　(A) 營業活動現金流量愈高，則財務槓桿程度愈低

　　　　(B) 單位變動成本愈高，則財務槓桿程度愈低

　　　　(C) 固定成本愈高，則財務槓桿程度也隨之升高

　　　　(D) 利息費用愈高，則財務槓桿程度愈大

( ) 4. 於Altman所提出之Z分數模型中，請問並不包含哪一財務數據？

　　　　(A) 營運資金　(B) 營業活動淨現金流量　(C) 營業收入　(D) 資本額

( ) 5. 下列何者為信用風險評估之方式？

　　　　(A) 信用評等　(B) 財務報表分析　(C) 破產預測模型　(D) 以上皆是

◎第12章解答

1. A	2. D	3. D	4. B	5. D

第13章

請回答下述有關銀行自有資本與風險性資產比率（簡稱「自有資本適足率」）之相關問題：

1. 請列出現行銀行自有資本適足率之計算公式。

2. 銀行之合格自有資本係指第一類資本、合格第二類資本與合格第三類資本之合計數額。請問，上述三者各用來支應銀行營運中的何種風險？

◎第13章解答

1. CAR＝（合格資本－資本扣除項目）／（信用風險加權風險性資產＋市場風險所需資本×1.25＋作業風險所需資本×1.25）

2. 第一類資本可支應信用風險、市場風險及作業風險。

　合格第二類資本可支應信用風險及市場風險。

　合格且使用第三類資本用以支應市場風險。

第14章

2004年12月8日聯想集團有限公司和IBM在歷經13個月的談判之後簽署了一項重要協定，根據此項協定，聯想集團通過現金、股票支付以及償債的方式收購了IBM個人電腦事業部，其中包括IBM在全球範圍的筆記型及桌上型電腦業務，並獲得Think系列品牌，從而誕生了世界PC行業第三大企業。聯想控股將擁有新聯想集團45%左右的股份，IBM公司將擁有18.5%左右的股份。新聯想集團將會成為一家擁有強大品牌、豐富產品組合和領先研發能力的國際化大型企業。作為國內知名的IT企業，聯想正走出國門，朝向國際化的目標穩步前進。

請問：

1. 從併購雙方行業相關性和併購的形式劃分指出，上述併購分別屬於哪種類型？
2. 簡述橫向併購的優點。

◎第14章解答

1. 從併購雙方行業相關性來看，屬於橫向併購，即生產同類產品之間企業的併購；從併購的形式上看，屬於協議收購。
2. 橫向併購的優點在於：可以迅速擴大生產規模，節約共同費用，便於提高通用設備的使用效率；便於在更大範圍內實現專業分工協作；便於統一技術標準，加強技術管理和進行技術改造；便於統一銷售產品和採購原材料等。

國家圖書館出版品預行編目資料

圖解財務報表分析/馬嘉應著. -- 二版. -- 臺北
市：五南圖書出版股份有限公司, 2022.02
　　面；　公分
ISBN 978-626-317-539-6(平裝)

1.CST: 財務報表 2.CST: 財務分析

495.47　　　　　　　　110022833

1G91
圖解財務報表分析

作　　者 ― 馬嘉應

發 行 人 ― 楊榮川

總 經 理 ― 楊士清

總 編 輯 ― 楊秀麗

主　　編 ― 侯家嵐

責任編輯 ― 吳瑀芳

文字校對 ― 黃嘉儀

封面設計 ― 姚孝慈

出 版 者：五南圖書出版股份有限公司

地　　址：106台北市大安區和平東路二段339號4樓

電　　話：(02)2705-5066　　傳　真：(02)2706-6100

網　　址：https://www.wunan.com.tw

電子郵件：wunan@wunan.com.tw

劃撥帳號：01068953

戶　　名：五南圖書出版股份有限公司

法律顧問：林勝安律師事務所　林勝安律師

出版日期：2013年9月初版一刷
　　　　　2019年8月初版五刷
　　　　　2022年2月二版一刷

定　　價：新臺幣320元

經典永恆・名著常在

五十週年的獻禮──經典名著文庫

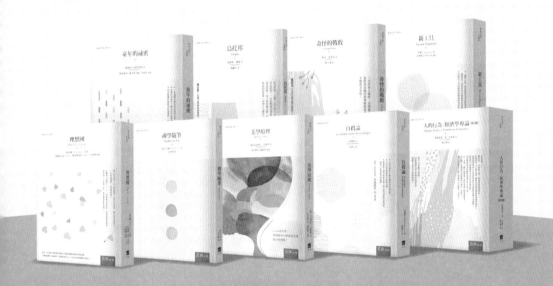

五南，五十年了，半個世紀，人生旅程的一大半，走過來了。

思索著，邁向百年的未來歷程，能為知識界、文化學術界作些什麼？

在速食文化的生態下，有什麼值得讓人雋永品味的？

歷代經典・當今名著，經過時間的洗禮，千錘百鍊，流傳至今，光芒耀人；

不僅使我們能領悟前人的智慧，同時也增深加廣我們思考的深度與視野。

我們決心投入巨資，有計畫的系統梳選，成立「經典名著文庫」，

希望收入古今中外思想性的、充滿睿智與獨見的經典、名著。

這是一項理想性的、永續性的巨大出版工程。

不在意讀者的眾寡，只考慮它的學術價值，力求完整展現先哲思想的軌跡；

為知識界開啟一片智慧之窗，營造一座百花綻放的世界文明公園，

任君遨遊、取菁吸蜜、嘉惠學子！